博碩文化

博碩文化

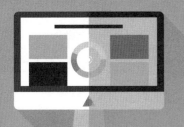

IoT開發最強雙引擎

用視覺化環境打造IoT物聯網裝置

Node-RED +
App Inventor 2

陳會安——著

零程式基礎也能實作出App，
運用圖形化工具，讓Android手機立即變成IoT裝置！

手機就是IoT裝置	增添升級感的視覺化功能	零程式基礎也能開發App
Android手機就是開發板	Node-RED實用強大	App Inventor 2易學易用
輕鬆實作AIoT智慧物聯網	為IoT裝置打造視覺化的物聯網平台	簡單拼湊出你的個人App

本書如有破損或裝訂錯誤，請寄回本公司更換

作　　者：陳會安
責任編輯：偕詩敏

董 事 長：陳來勝
總 編 輯：陳錦輝

出　　版：博碩文化股份有限公司
地　　址：221 新北市汐止區新台五路一段 112 號 10 樓 A 棟
　　　　　電話 (02) 2696-2869　傳真 (02) 2696-2867

郵撥帳號：17484299　戶名：博碩文化股份有限公司
博碩網站：http://www.drmaster.com.tw
讀者服務信箱：dr26962869@gmail.com
訂購服務專線：(02) 2696-2869 分機 238、519
（週一至週五 09:30 ～ 12:00；13:30 ～ 17:00）

版　　次：2023 年 1 月初版一刷

建議零售價：新台幣 650 元
Ｉ Ｓ Ｂ Ｎ：978-626-333-356-7（平裝）
律師顧問：鳴權法律事務所 陳曉鳴 律師

國家圖書館出版品預行編目資料

IoT開發最強雙引擎：Node-RED+App Inventor 2,用
視覺化環境打造IoT物聯網裝置/陳會安著. -- 初版. --
新北市：博碩文化股份有限公司, 2023.01
　　面；　公分 --
ISBN 978-626-333-356-7(平裝)

1.CST: 系統程式　2.CST: 電腦程式設計
3.CST: 行動資訊

312.711　　　　　　　　　　　　　　111021221

Printed in Taiwan

歡迎團體訂購，另有優惠，請洽服務專線
博 碩 粉 絲 團　(02) 2696-2869 分機 238、519

作者序

「Node-RED 是目前已知最簡單的 AIoT 物聯網與網站架設工具,能夠快速整合相關應用來建構出監控介面的儀表板(Dashboard),和使用 MQTT 通訊協定來進行資料交換。」

「App Inventor(簡稱 AI2)是目前已知最簡單的手機 App 開發工具,可以使用視覺化方式編排使用介面,和拼出積木程式來快速建立跨平台的手機 App 應用程式。」

本書的主要目的是幫助初學者,或沒有任何程式設計經驗的讀者也能夠輕鬆使用視覺化方式來打造你自己的 IoT 物聯網應用,在內容上可以作為高中職和大專院校的初學程式設計、初學手機 App 程式設計、IoT 物聯網和 AIoT 智慧物聯網相關課程的教材。

透過本書說明的 Node-RED + App Inventor 2 視覺化開發工具,你只需寫出少少的程式碼,就可以使用 Node-RED 視覺化流程,輕鬆建構出你自己的監控儀表板、MVC 網站、REST API 和使用 MySQL 資料庫儲存感測器數據。然後不用寫出一行程式碼,就可以使用 App Inventor 2 輕鬆「拼」出你自己的手機 App,如下圖所示:

別忘了！你手上的 Android 手機就是一片開發板，現成的 IoT 裝置，我們可以輕鬆使用 App Inventor 打造出你自己的專屬 IoT 裝置。重點是你也不一定真的需要有一台 Android 實機，因為本書的開發環境是在 Windows 作業系統使用 Nox 夜神模擬器，直接模擬出一台 IoT 物聯網程式設計所需的 IoT 裝置。

不只如此，本書還進一步結合雙引擎的整合應用，可以靈活運用 MQTT 通訊協定 + 儀表板、Node-RED 爬蟲 +AI2 圖表 +Google Chart API 繪製即時圖表、OpenData 與 JSON 資料剖析、Firebase 雲端即時資料庫和 AI 人工智慧，輕鬆導入雙引擎來視覺化建立 AIoT 智慧物聯網應用。

如何閱讀本書

本書在架構上是循序漸進從雙引擎的基本使用開始，首先說明 Node-RED 的基本使用、儀表板的建立、多流程的資料分享、架設 MVC 網站、REST API 和將資料存入 MySQL 資料庫，然後說明 App Inventor 視覺化 App 開發，完整說明介面建立和編排，如何使用事件處理與使用者進行互動，輕鬆建立 IoT 裝置的 Android App。

為了方便讀者學習 Node-RED 視覺化開發工具，本書更提供綠化版 Node-RED 開發環境，可以輕鬆建構學習 Node-RED 物聯網應用和 Web 網站架設的 Windows 開發環境。

▎ 第一篇　Node-RED 視覺化流程打造監控儀表板和 REST API

第一篇說明 Node-RED 的基本使用、Dashboard 儀表板的建立和 REST API，在第 1 章是 Node-RED 開發工具的基本使用和核心 Node-RED 節點，第 2 章打造 Web 介面的 Node-RED 監控儀表板，在第 3 章是處理流程的初始，單一流程、多流程和多標籤頁的資料分享，第 4 章使用 Node-RED 架設 MVC 的 Web 網站和 REST API，在第 5 章說明如何使用 mysql 節點存取 MySQL 資料庫。

▌第二篇　使用 App Inventor 2 視覺化拼圖拼出你的 IoT 裝置

第二篇說明 App Inventor 的基本使用和 IoT 裝置開發，在第 6 章是 App Inventor 的基礎，詳細說明如何使用中文版 App Inventor 2 來開發第 1 個 Android App 後，詳細說明如何跨平台測試執行和 AI2 開發環境的介面，在第 7 章是介面和版面配置組件的使用，即畫面編排來建立使用介面，然後拼出積木程式來執行所需的運算，第 8 章是選擇功能與對話框組件，同時說明條件和迴圈積木，在第 9 章說明清單，對比傳統程式語言就是陣列，然後說明清單組件的使用，最後說明 AI2 字典，第 10 章是多螢幕 App 開發，和打造 IoT 裝置來模擬感測器元件。

▌第三篇　Node-RED+App Inventor 2 雙引擎 IoT 物聯網整合應用

第三篇是 Node-RED＋App Inventor 2 雙引擎 IoT 物聯網整合應用，在第 11 章是 MQTT 通訊協定，說明如何透過 MQTT 來實作儀表板的遠端監控，第 12 章是取得網路資料、AI2 圖表組件和 Google Chart API，可以取得 Node-RED 爬蟲資料後，在 App 顯示圖表，在第 13 章是 OpenData 與 JSON 資料剖析，詳細說明 Node-RED 的 json 節點，和 App Inventor 的字典積木來剖析各種類型的 JSON 資料，第 14 章是 Firebase 雲端即時資料庫，可以分別使用 Node-RED 和 App Inventor 存取同一個 Firebase 即時資料來來進行應用程式之間的資料交換。

▌第四篇　AIoT 應用開發：Node-RED+App Inventor 2 智慧物聯網

第四篇說明如何使用 Node-RED＋App Inventor 2 建構 AIoT 智慧物聯網，在第 15 章是直接使用 TensorFlow.js 預訓練模型，可以使用 Node-RED 的 COCO-SSD 節點和 App Inventor 的 AI 人工智慧擴充套件，來建立人工智慧的相關應用，第 16 章首先使用 Teachable Machine 訓練機器學習模型後，在 Node-RED 儀表板使用 Webcam 進行圖片識別，可以即時分類影像的圖片是剪刀、石頭或布，然後使用 AI2 的 Personal Image Classifier 個人影像分類，訓練 AI2 使用的人工智慧模型來分類圖片是雄貓或雌貓。

附錄 A 說明如何在 Windows 作業系統安裝 Node-RED 開發工具、App Inventor 開發環境和 Nox 夜神模擬器。

編著本書雖力求完美，但學識與經驗不足，謬誤難免，尚祈讀者不吝指正。

陳會安

於台北 hueyan@ms2.hinet.net

2022.11.30

範例檔案說明

為了方便讀者學習「雙引擎」Node-RED 和 App Inventor 視覺化開發工具，筆者已經將本書的範例 Node-RED 流程、範例 AI2 專案和相關檔案都收錄在範例檔案，如下表所示：

資料夾	說明
ch01~ch16、appa	本書各章 Node-RED 範例流程、AI2 範例專案和相關工具

在 fChart 流程圖教學工具的官方網站，可以下載配合本書使用 Node 套件的綠化版 Node-RED 開發環境（請在上方選【Node 套件】標籤頁，可以看到本書 Node-RED 開發環境 3.02 版的下載超連結，請任選一個下載），如下所示：

https://fchart.github.io/

─● 線上資源下載 ●────────────────────

範例程式下載：
https://www.drmaster.com.tw/Bookinfo.asp?BookID=MP32207

fChart 程式設計教學工具官方網址：
https://fchart.github.io/

版權聲明

目錄

04   建立 Node-RED MVC 網站和 REST API

05   Node-RED 與 MySQL 資料庫

第二篇
使用 App Inventor 2 視覺化拼圖拼出你的 IoT 裝置

06   App Inventor 基本使用

07　基本介面與介面配置組件

08　選擇功能與對話框組件

09　清單與字典

13 OpenData 與 JSON 資料剖析

14 Firebase 雲端即時資料庫

第四篇
AIoT 應用開發：Node-RED+App Inventor 2 智慧物聯網

15 Node-RED 與 App Inventor 2 人工智慧應用

1

Node-RED 視覺化流程打造監控儀表板和 REST API

Node-RED 基礎與
視覺化流程

1-1 物聯網與 Node-RED 基礎

Node-RED 是一套 Web 介面的 Web 網站架設和物聯網開發工具,可以使用視覺化流程來幫助我們快速建立 IoT 物聯網專案。

1-1-1 認識物聯網

物聯網的英文全名是:Internet of Things,縮寫 IoT,簡單的説,就是萬物連網,所有東西(物體)都可以上網,因為所有東西都連上了網路,所以就可以透過任何連網裝置來遠端控制這些連網的東西、就算遠在天涯海角也一樣可以進行遠端監控,如下圖所示:

對於物聯網來說，每一個人都可以將真實東西連接上網，我們可以輕易地在物聯網查詢這個東西的位置，和對這些東西進行集中管理與控制，例如：遙控家電用品、汽車遙控、行車路線追蹤和防盜監控等自動化操控，或建立更聰明的智慧家電、更安全的自動駕駛和住家環境等。

不只如此，透過從物聯網上大量裝置和感測器取得的資料，就可以建立大數據（Big Data）來進行分析，並且從取得的數據分析結果來重新設計流程，改善我們的生活，例如：減少車禍、災害預測、犯罪防治與流行病控制等。

1-1-2 Node.js 和 Node-RED

Node.js（https://nodejs.org/en/）是在 2009 年由 Ryan Dahl 開發，使用 Google 的 V8 JavaScript 引擎建立的 JavaScript 執行環境。Node-RED（https://nodered.org/）是 IBM Emerging Technology 開發，這是架構在 Node.js 開放原始碼 Web 介面的一種流程基礎的視覺化開發工具。

Node-RED 是一種低程式碼程式設計（Low-code Programming），直接使用視覺化拖拉節點和連接節點來建立流程（Flows），其程式邏輯是以節點和連接線來呈現，節點是不同功能的軟體模組，在節點之間使用連接線（Edge）連接來定義訊息傳遞的方向，如右圖所示：

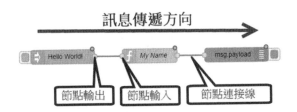

上述節點的前後方有輸入和輸出端點來串接連接線，可以將訊息通過節點來進行處理或轉換，在輸入部分允許連接多個節點的輸入訊息，也就是從多個前一個節點來接收訊息，輸出部分可以將訊息傳遞至多個下一個節點來進行處理。

1-2　啟動 Node-RED 建立第一個流程

請參閱附錄 A-1 節下載安裝客製化 Node-RED 開發環境套件後，就可以啟動 Node-RED 開發工具來建立第一個流程。在我們建立的第一個流程，點選 inject 節點前的按鈕，可以在 debug 節點顯示「Hello World! 陳會安」訊息文字，每按一次顯示 1 個，其建立步驟如下所示：

Step 1 請開啟解壓縮的「\fChartNode6_16_3.0.2」目錄且捲動至最後，雙擊【startfChartMenu.exe】執行 fChart 主選單，可以看到訊息視窗顯示已經成功在工作列啟動主選單，請按【確定】鈕。

Step 2 在右下方工作列可以看到 fChart 圖示，點選圖示，在主選單執行【Step 1: 啟動 Node-RED 伺服器】命令啟動 Node-RED 伺服器。

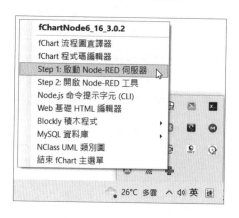

Step 3 如果看到「Windows 安全性警訊」對話方塊，請按【允許存取】鈕，等到成功啟動 Node-RED 伺服器，可以在最後看到 Server now running at http://127.0.0.1:1880/ 訊息文字（請注意！此視窗不可關閉）。

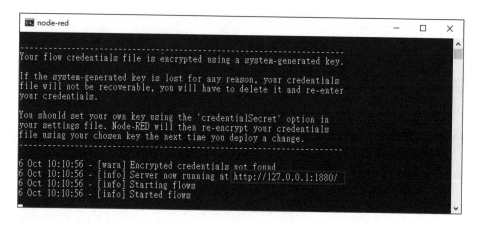

Step 4 請再次開啟 fChart 主選單，執行【Step 2: 開啟 Node-RED 工具】命令，就可以看到啟動瀏覽器開啟 Node-RED 的 Web 使用介面，如右圖所示：

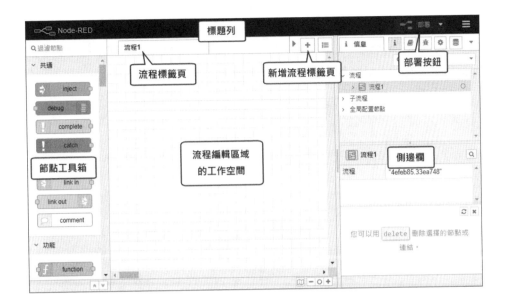

上述 Node-RED 編輯器的上方是標題列（Header），位在標題列的最右方是部署鈕，在下方從左至右分成三大部分：節點工具箱（Palette）、流程標籤頁和側邊欄（Sidebar）。

Step 5 Node-RED 預設新增【流程 1】標籤，請拖拉左邊位在「共通」區段的【inject】節點至中間流程編輯區域，此節點可以觸發事件和送出訊息至流程的下一個節點，如下圖所示：

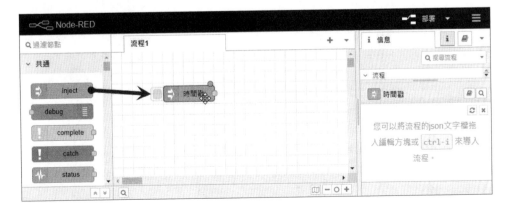

Step 6 雙擊 inject 節點，開啟「編輯 inject 節點」對話方塊，在【msg.payload】屬性「=」後的值欄位，點選向下小箭頭的下拉式清單選【文字列】的字串，即指定 payload 屬性的資料類型。

Step 7 然後在欄位輸入【Hello World!】字串，在下方重複欄可以設定周期送出 msg 訊息，按右上方【完成】鈕完成編輯。

Step 8 可以看到節點成為 Hello World!，如下圖所示：

Step 9 請拖拉左邊位在「功能」區段的【function】節點至流程編輯區域，此節點是一個 JavaScript 函式，可以撰寫 JavaScript 程式碼來處理 msg 訊息，如下圖所示：

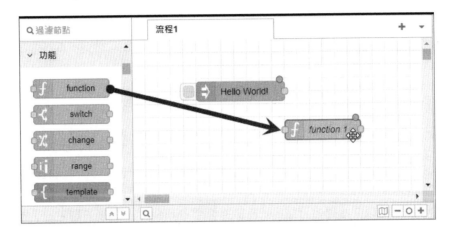

Step 10 雙擊 function 節點開啟「編輯 function 節點」對話方塊，在【名稱】欄輸入節點名稱【My Name】後，在下方【函數】標籤輸入 JavaScript 程式碼將訊息 msg.payload 使用「＋＝」運算子加上姓名字串，然後按【完成】鈕，如下所示：

```
msg.payload += "陳會安";
return msg;
```

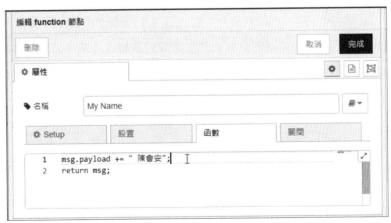

Step 11 接著拖拉「共通」區段的【debug】節點至流程編輯區域，如下圖所示：

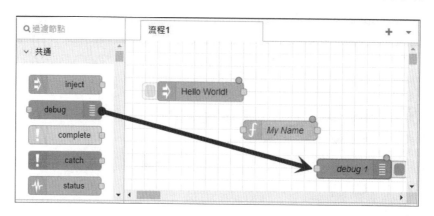

Step 12 我們可以開始連接節點，請將游標移至【inject】節點後方端點的小圓點，按住滑鼠左鍵後開始拖拉，可以看到一條橙色線，請拖拉至【function】節點前方端點的小圓點，如下圖所示：

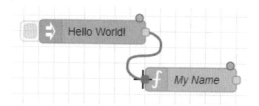

Step 13 放開滑鼠左鍵，可以建立 2 個節點之間的連接線（刪除節點或連接線請選取後，按 Del 鍵），接著將游標移至【function】節點後的小圓點，按住滑鼠左鍵拖拉至【debug】節點前方的小圓點，建立之間的連接線，如下圖所示：

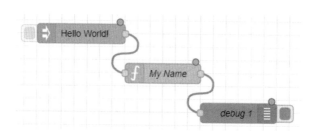

Step 14 請按右上方紅色【部署】鈕儲存和部署 Node-RED 流程。

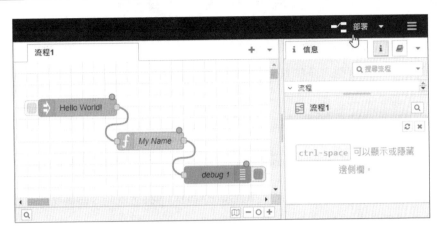

Step 15 可以在上方看到部署成功的訊息文字,表示成功儲存和部署 Node-RED 流程。請按【inject】節點前方游標所在的圓角方框鈕執行流程,在側邊欄選【名稱】(debug)工具,可以在「除錯窗口」標籤頁看到送出的訊息文字,每按一次顯示 1 個「Hello World! 陳會安」,如下圖所示:

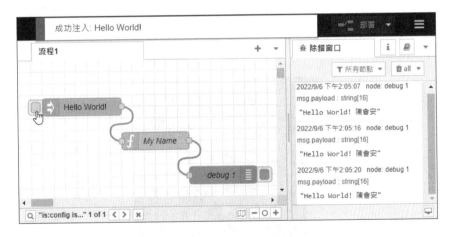

上述第一個流程就是一個標準 Node-RED 程式,包含輸入、處理和輸出節點,從輸入 inject 節點觸發事件送出【Hello World!】字串的訊息,在處理節點的 JavaScript 函式替訊息加上【陳會安】,最後在輸出節點輸出 msg.payload 屬性值。

1-3 匯出、匯入和編輯 Node-RED 流程

Node-RED 編輯器是在流程標籤頁的工作空間來建立流程，我們可以匯出 / 匯入流程，和使用滑鼠 / 鍵盤來編輯 Node-RED 流程的節點。

▍匯出 Node-RED 流程

我們準備匯出第 1-2 節建立的 Node-RED 流程，其步驟如下所示：

Step 1 請使用滑鼠拖拉出方框來選擇欲匯出的節點，共選取到 3 個節點，可以看到選取節點都顯示橘色的外框。

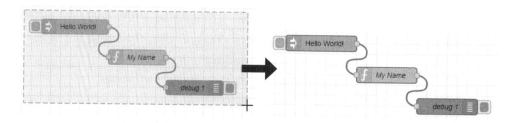

Step 2 執行右上方垂直三條線主功能表的【匯出】命令。

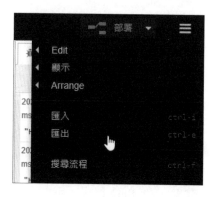

Step 3 在「匯出節點至剪貼簿」對話方塊，按【下載】鈕下載流程檔，預設檔名是 flows.json。

上述標籤可以切換已選擇節點（selected nodes）、現在的流程（current flow）或所有流程（all flows），選上方【JSON】標籤可以看到流程的 JSON 資料（在右下方可切換編排方式），如下圖所示：

請自行將下載的 flows.json 檔案更名成 ch1-2.json 檔案。

刪除連接線、節點和整個 Node-RED 流程

在選取連接線成為橘色線後，按 Del 鍵可以刪除 2 個節點之間的連接線，如下圖所示：

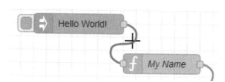

不論多少個節點，請按住 Ctrl 鍵選取多個節點顯示橘色外框和連接線後，按 Del 鍵，就可以刪除所有選取的節點，如下圖所示：

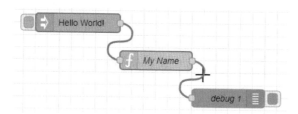

在 Node-RED 如果需要刪除整個流程，請使用滑鼠拖拉選取整個流程後，按 Del 鍵刪除選取的整個流程，如下圖所示：

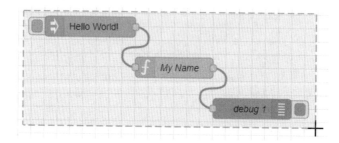

請注意！如果不小心誤刪了，請馬上按 Ctrl + Z 鍵來復原刪除操作。

▌匯入 Node-RED 流程

本書 Node-RED範例檔案是副檔名為 .json 的 JSON 檔案，我們可以在 Node-RED
匯入範例的流程檔，例如：ch1-2.json，其步驟如下所示：

`Step 1` 請刪除第 1-2 節建立的第一個 Node-RED 流程後，在主功能表執行【匯入】
命令。

`Step 2` 在「匯入節點」對話方塊按【匯入所選檔案】鈕匯入 JSON 檔案（如果是
JSON 字串，請直接複製字串後，貼至下方的方框）。

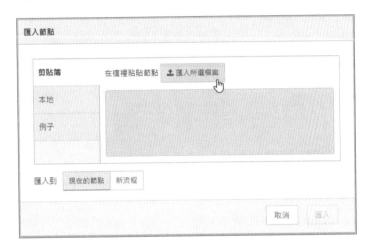

`Step 3` 在「開啟」對話方塊選 ch1-2.json，按【開啟】鈕開啟流程。

Step 4 可以看到載入流程檔的 JSON 字串，按【匯入】鈕匯入流程。

Step 5 在【流程 1】標籤頁可以看到我們匯入的流程。

▌編輯 Node-RED 節點的屬性

當選取 Node-RED 節點後，按 Enter 鍵，或雙擊節點，都可以開啟編輯節點對話方塊，以 inject 節點為例，如下圖所示：

Node-RED 節點都有不同的欄位設定，在這一小節說明的是每一種節點都擁有的共通欄位和按鈕，在最上方的按鈕列說明，如下所示：

- 刪除鈕：位於左上角的是刪除按鈕，可以刪除此節點。
- 完成 / 取消鈕：在完成編輯後，按右上角【完成】鈕完成編輯，【取消】鈕是取消編輯。
- 名稱欄位或 Name 欄位：在此欄位可以輸入節點名稱，這是節點顯示在編輯器工作空間的名稱。
- 有效 / 無效：Node-RED 新增的節點預設是啟用，所以最下方顯示【有效】，點選即可切換成無效，表示停用此節點，可以看到節點成為虛線框，如下圖所示：

1-4 Node-RED 常用節點和 msg 訊息結構

在這一節是說明一些 Node-RED 流程的常用節點和 msg 訊息結構。

1-4-1 msg 訊息結構與 debug 除錯節點

Node-RED 的 debug 除錯節點預設輸出 msg.payload 屬性值來幫助我們進行流程除錯，為了方便判斷是哪一個 debug 節點的輸出值，其預設節點名稱會自動增加之後的計數，例如：debug 1、debug 2…等。

Node-RED 流程：ch1-4-1.json 新增 1 個 inject 和 1 個 debug 節點，在部署和執行後（點選 inject 節點前的按鈕），可以在「除錯窗口」標籤頁輸出 inject 節點送出的

Unix 時間戳記（從 1970 年 1 月 1 日至今的計數），這是 node: debug 2 節點的輸出，如下圖所示：

請編輯 debug 節點，點選 msg 再選【與調試輸出相同】，此為翻譯問題，英文是 complete msg object，改為輸出完整 msg 物件，請再次部署執行，可以看到完整 msg 物件的內容（Node-RED 流程：ch1-4-1a.json），如下圖所示：

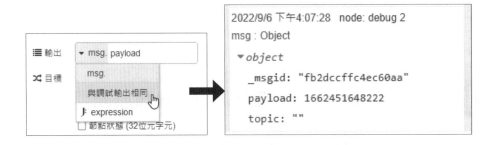

上述 msg 物件是一個擁有 3 個屬性的 JavaScript 物件（預設是 3 個屬性，不同節點的 msg 物件可能有更多的屬性），其說明如下所示：

- _msgid：訊息識別的唯一名稱。
- topic：文字內容的訊息主題。
- payload：在節點之間的傳遞的資料是 payload 屬性值，即下一個節點讀取的屬性值，其值可以是物件、日期、布林、字串或數字等。

1-4-2　inject 排程啟動節點

Node-RED 流程屬於一種事件驅動程式設計，需要使用事件來啟動程式流程的執行，我們可以使用 inject 節點觸發一個事件，並且將 msg 物件傳遞至下一個節點，例如：點選 inject 節點前的按鈕來觸發事件，就可以啟動執行 Node-RED 流程。

▎ 建立 msg 物件內容　　　　　　　　　　　　　| ch1-4-2.json

在 inject 節點可以建立 msg 物件的內容，預設是 payload 和 topic 屬性，例如：payload 是數字 100；topic 是文字列 score，如下圖所示：

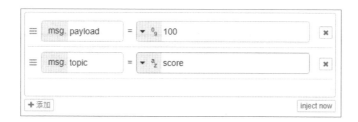

按左下方【添加】鈕可以新增 age 屬性，值是數字 20（點選之後的【x】鈕可以刪除屬性），如下圖所示：

在「除錯窗口」標籤頁輸出的是完整 msg 物件，可以看到 topic 屬性值和新增的 age 屬性值，如下圖所示：

```
score : msg : Object
▶ { _msgid: "1ffa495c4b6d9b21", payload:
100, topic: "score", age: "20" }
```

排程定時觸發事件　　　　　　　　　　　　　| ch1-4-2a~2c.json

在 inject 節點支援重複觸發的排程功能，可以定時周期的觸發事件，如下所示：

■ 間隔固定時間週期性的執行（ch1-4-2a.json）：在 inject 節點每 2 秒觸發一次，請在【重複】欄選【週期性執行】後，在下方【每隔】欄輸入 2 秒，即可周期間隔 2 秒來輸出時間戳記，如下圖所示：

■ 在固定時間範圍來周期觸發（ch1-4-2b.json）：只在一周的星期一、三、五早上 00:00～02:00 之間，每分鐘周期的觸發執行，如下圖所示：

■ 在指定時間點觸發事件（ch1-4-2c.json）：指定在星期一 12:00 觸發執行，如下圖所示：

1-4-3 change 更改節點

Node-RED 的 change 更改節點可以建立多個規則來設定屬性值、取代屬性值、刪除屬性或轉移屬性，在 Node-RED 流程共有 inject、change 和 debug 三個節點，如下圖所示：

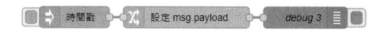

上述第 2 個 change 節點的規則編輯介面，如下圖所示：

點選下方【添加】鈕可以新增規則，然後選擇操作，即可設定操作內容，在同一個 change 節點可以新增多條規則，其執行順序是從上而下依序地執行每一個規則。change 更改節點的相關操作，如下所示：

■【設定】操作是更改屬性值（ch1-4-3.json）：除了更改 msg 物件的屬性值外，也可以更改 flow 和 global 分享物件的屬性值（詳見第 3 章）。我們在 inject 節點送出 payload 屬性值是數字 100，change 節點的【設定】操作，可以將 payload 屬性值改成【to the value】欄的數字 200，如下圖所示：

■【修改】操作是搜尋和取代屬性值（ch1-4-3a.json）：我們在 inject 節點送出 payload 屬性值是文字列 This is a book.，change 節點是【修改】操作，在 payload 屬性值搜尋【搜索】欄的文字列 book，取代成【替代為】欄的文字列 pen，如下圖所示：

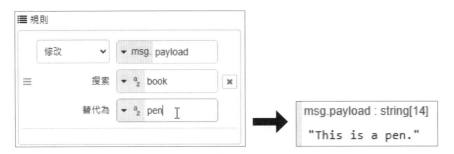

■【刪除】操作是刪除指定屬性（ch1-4-3b.json）：我們在 inject 節點送出 payload 屬性值後，在 change 節點是【刪除】操作來刪除 payload 屬性，因為屬性已經刪除，所以 debug 節點顯示的是 undefined，如下圖所示：

■【轉移】操作是將指定屬性轉移成其他屬性（ch1-4-3c.json）：我們在 inject 節點送出 payload 屬性值是數字 20，change 節點是【轉移】操作，可以將 msg. payload 轉移成【到】欄的 msg.age 屬性，換句話說，payload 屬性已經不存在，在 debug 節點顯示完整 msg 物件，如下圖所示：

1-4-4 switch 分支節點

Node-RED 的 switch 分支節點是條件判斷，可以依據條件來傳遞 msg 物件至不同的下一個節點。Node-RED 流程：ch1-4-4.json 建立 2 個 inject 節點分別送出 0 和 1，然後使用 switch 和 change 節點來分別輸出成 ON 和 OFF，如下圖所示：

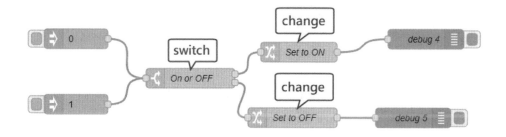

- 2 個 inject 節點：payload 屬性分別指定數字 0 和 1。

- switch 節點：新增 2 個條件，因為有 2 個條件，所以 switch 節點的輸出端點也有 2 個，在【屬性】欄位是條件運算式「op1 = = op2」的相等比較，每一個條件比較一個值，值是 op2，當條件成立，輸出 msg.payload 屬性值，之後的值是輸出至第幾條流程，值 1 是第 1 條，值 2 是第 2 條，依序類推，如下圖所示：

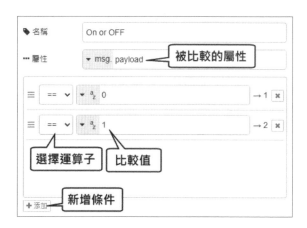

- change 節點（Set to ON）：新增【設定】操作，將 payload 屬性值改成【to the value】欄的文字列 ON，如下圖所示：

- change 節點（Set to OFF）：新增【設定】操作，將 payload 屬性值改成【to the value】欄的文字列 OFF，如下圖所示：

- 2 個 debug 節點：預設值。

  Node-RED 流程的執行結果，點選 inject 節點 0，可以看到輸出 ON；點選 1 輸出 OFF，如下圖所示：

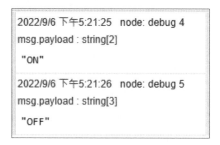

1-4-5 function 函式節點

Node-RED 的 function 函式節點可以建立 JavaScript 函式來處理 msg 物件，Node-RED 流程：ch1-4-5.json 先使用 change 節點指定 x 和 y 屬性值，然後使用 function 節點將 x 和 y 的值相加，可以在 debug 節點顯示相加結果，如下圖所示：

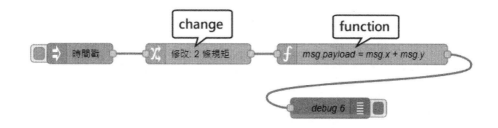

- inject 節點：預設值。
- change 節點：新增 2 個【設定】操作，分別指定 msg.x 屬性值是數字 1，和 msg.y 屬性值是數字 2，如下圖所示：

- function 節點：在【函數】標籤輸入 JavaScript 程式碼，可以計算 msg.x 和 msg.y 的和，如下所示：

```
msg.payload = msg.x + msg.y;
return msg;
```

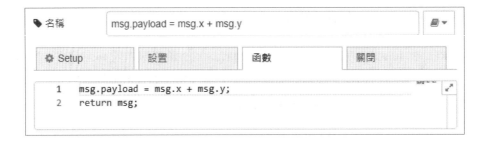

- debug 節點：預設值。

  Node-RED 流程的執行結果，點選 inject 節點，可以看到輸出計算結果的和是 3，如下圖所示：

  2022/9/6 下午5:23:27　node: debug 6

  msg.payload : number

  3

學習評量

1. 請問何謂物聯網？什麼是 Node.js 和 Node-RED 開發工具？

2. 請簡單說明 Node-RED 的 msg 訊息結構。

3. 請問 inject 節點的排程有哪幾種？ debug 節點的功能為何？

4. 請修改第 1-2 節的第一個 Node-RED 流程，改為輸出讀者姓名。

5. 請繼續學習評量 4.，匯出修改的 Node-RED 流程成為 test.json 檔。

6. 請建立 Node-RED 流程，新增 2 個 inject 節點分別送出數字 56 和 90 的成績，可以在 debug 節點顯示成績是否及格。

建立監控的 Node-RED 儀表板

2-1　認識 Node-RED 儀表板

「儀表板」（Dashboard）是將所有達成單一或多個目標所需的最重要資訊整合顯示在同一頁，可以讓我們快速存取重要資訊，讓這些重要資訊一覽無遺。例如：股市資訊儀表板在同一頁面連接多種圖表、統計摘要資訊和關聯性等重要資訊。

2-1-1　Node-RED 儀表板

Node-RED 儀表板是使用 node-red-dashboard 節點建立（需要額外安裝），可以輕鬆幫助我們建立 IoT 物聯網監控所需的 Web 使用介面，如下圖所示：

上述 Node-RED 儀表板擁有一頁名為 Home 的 Tab 標籤，在此標籤下擁有 2 個
Group 群組，每一個群組擁有 1～ 多個元件的 Widget 小工具，其組成結構如下圖
所示：

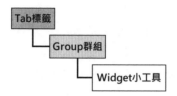

上述 Tab、Group 和 Widget 的說明，如下所示：

- Tab 標籤：每一個 Tab 標籤是一頁儀表板網頁，如果有多個標籤，可以點選左
  上方三條線的主功能表來切換顯示指定標籤的頁面。
- Group 群組：在每一個 Tab 標籤的頁面是使用 Group 群組多個儀表板元件的小
  工具。
- Widget 小工具：小工具就是在 Node-RED 儀表板顯示的元件。

2-1-2 新增 Tab 標籤和 Group 群組

請在 Node-RED 工具的側邊欄點選右上方的向下箭頭圖示，可以在下拉式功能表選
【Dashboard】命令，開啟 Dashboard 工具標籤頁，如下圖所示：

▌ 新增 Tab 標籤

在 Dashboard 工具標籤頁的【Layout】標籤可以新增標籤和群組。例如：新增名為 Home 的標籤，其步驟如下所示：

Step 1 在【Layout】標籤點選【+tab】鈕新增 Tab 標籤，預設新增名為 Tab 1 的標籤（因為沒有標籤，所以是 1，有就是依序新增）。

Step 2 請將游標移至 Tab 1 標籤上，按後面【edit】鈕，在【Name】欄輸入【Home】，按【更新】鈕更新標籤名稱。

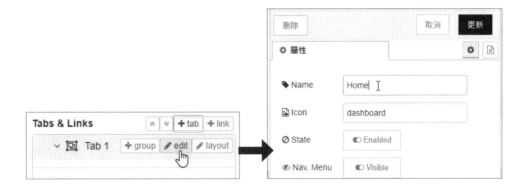

新增 Group 群組

在新增 Home 標籤後，可以在此標籤新增名為【功能執行】的群組，其步驟如下所示：

Step 1 請將游標移至 Home 標籤上，按後面【+group】鈕，可以在之下新增名為 Group 1 的群組（因為在標籤下沒有群組，所以是 1）。

Step 2 將游標移至 Group 1 群組上，按後面【edit】鈕，在【Name】欄輸入【功能執行】，按【更新】鈕更新群組名稱。

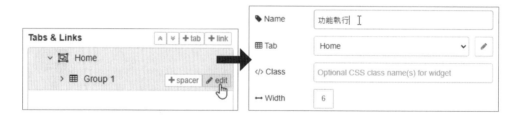

Step 3 重複上述步驟，在 Home 標籤下再新增【資料輸入】和【資料輸出】兩個群組，目前共新增 3 個群組，如下圖所示：

2-2 儀表板的功能執行元件

Node-RED 儀表板的功能執行元件是 Button 按鈕元件，其功能類似 inject 節點，點選按鈕，可以送出一個 msg 物件，我們可以指定送出的 payload 和 topic 屬性值。

Node-RED 流程：ch2-2.json 是在【功能執行】群組新增開啟和關閉共 2 個 Button 元件，可以分別送出的 msg.payload 是數字 1 和 0，其步驟如下所示：

Step 1 請從節點工具箱的「dashboard」區段拖拉 button 節點至編輯區域，就可以新增 Button 元件。

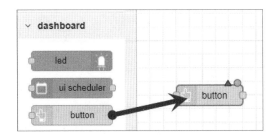

Step 2 雙擊 button 節點，在編輯節點對話方塊的【Group】欄，選【[Home] 功能執行】群組。

Step 3 在下方【Label】欄輸入按鈕標題文字【開啟】，【Payload】欄選數字後輸入【1】後，按【完成】鈕。

Step 4 再新增一個 Button 元件，在【Group】欄選【[Home] 功能執行 】,【Label】欄輸入【關閉】，將 Payload 屬性值輸入數字 0 後，按【完成】鈕，如下圖所示：

Step 5 在新增使用預設值的 debug 節點後，將 2 個 button 節點連接至 debug 節點來建立 Node-RED 流程。

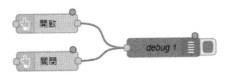

Step 6 按右上方紅色【部署】鈕部署 Node-RED 流程，可以看到訊息指出配置節點沒有使用，這是因為第 2-1-2 節新增 3 個 Group 節點，我們有 2 個尚未使用，請按【關閉】鈕。

Node-RED 儀表板的網址是 http://localhost:1880/ui，可以看到儀表板的【功能執行】群組有 2 個 Button 元件，如下所示：

請注意！在群組新增元件的排列順序有可能不同，例如：上方是開啟；下方才是關閉鈕，此部分請使用第 2-5-1 節的版面配置來調整。按【開啟】鈕可以輸出 1，按【關閉】鈕是輸出 0，如下圖所示：

```
2022/9/7 上午9:53:39  node: debug 1
msg.payload : string[1]
 "1"
2022/9/7 上午9:53:40  node: debug 1
msg.payload : string[1]
 "0"
```

2-3 儀表板的資料輸入元件

在 Node-RED 儀表板常用的資料輸入元件有：TextInput、Slider、Numeric、Switch 和 Dropdown 元件等。

2-3-1 TextInput 文字輸入元件

在 Node-RED 儀表板可以使用 TextInput 文字輸入元件來輸入文字、數值、密碼、電子郵件地址、電話號碼、色彩和日期 / 時間資料。Node-RED 流程：ch2-3-1.json 是在 Home 標籤的【資料輸入】群組，新增 TextInput 元件，其步驟如下所示：

Step 1 請從節點工具箱的「dashboard」區段拖拉 text input 節點至編輯區域，就可以新增 TextInput 元件。

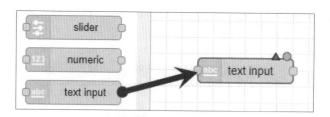

Step 2 雙擊 text input 節點，在【Group】欄選【[Home] 資料輸入】群組，【Label】欄輸入【輸入溫度 :】後，按【完成】鈕。

Step 3 最後新增預設值的 debug 節點，和連接 text input 至 debug 節點來建立
Node-RED 流程。

在部署後，可以在 Node-RED 儀表板（http://localhost:1880/ui/）看到在【資料輸入】群組新增的 TextInput 元件，如下圖所示：

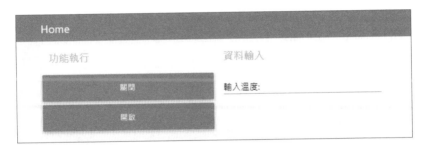

點選 TextInput 元件，即可輸入溫度值，在「除錯窗口」標籤頁可以顯示輸入的字串值，如下圖所示：

2-3-2　Slider 滑桿元件

Slider 元件可以拖拉滑桿來輸入最大 / 最小範圍之間的數值，例如：Arduino 開發板類比輸出的 PWM 值範圍是 0～255，我們可以使用 Slider 滑桿元件來輸入此範圍的數值。

Node-RED 流程：ch2-3-2.json 是在 Node-RED 儀表板新增 Slider 元件後，拖拉滑桿輸出 0～255 的值至 debug 節點，如下圖所示：

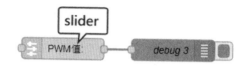

- slider 節點：在【Group】欄選【[Home] 資料輸入】,【Label】欄輸入【PWM值:】，在 Range 欄範圍的【min】最小值設為 0;【max】最大值設為 255,【step】增量是 1，如下圖所示：

- debug 節點：預設值。

  在部署後，可以在 Node-RED 儀表板（http://localhost:1880/ui/）看到 Slider 元件，拖拉元件的圓形滑桿，可以在「除錯窗口」標籤頁顯示輸入的數值，如下圖所示：

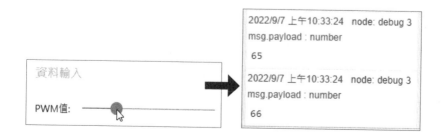

2-3-3 Numeric 數值輸入元件

Numeric 元件是使用上 / 下鈕來輸入數值資料。Node-RED 流程：ch2-3-3.json 新增 Numeric 元件來輸入 0～100 分的成績值後，輸出至 debug 節點來顯示，如下圖所示：

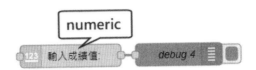

■ numeric 節點：在【Group】欄選【[Home] 資料輸入】，【Label】欄輸入【輸入成績值 :】，在 Range 欄範圍的【min】最小值設為 0；【max】最大值設為 100，【step】增量是 1，如下圖所示：

■ debug 節點：預設值。

在 部 署 後， 可 以 在 Node-RED 儀 表 板（http://localhost:1880/ui/） 看 到 Numeric 元件，請使用上 / 下鈕調整數字，可以在「除錯窗口」標籤頁顯示輸入的數值，如下圖所示：

2-3-4 Switch 開關元件

Switch 元件是一個開關元件，可以切換 2 個狀態，即 1 或 0、打開或關閉、ON 或 OFF 等。Node-RED 流程：ch2-3-4.json 新增 Switch 元件的電源開關，當打開時輸出 true；關閉時輸出 false 至 debug 節點，如下圖所示：

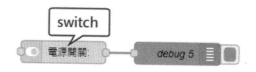

■ switch 節點：在【Group】欄選【[Home] 資料輸入】，【Label】欄輸入【電源開關：】，On Payload 欄預設輸出 true；Off Payload 欄輸出 false，如下圖所示：

■ debug 節點：預設值。

在部署後，可以在 Node-RED 儀表板（http://localhost:1880/ui/）看到 Switch 元件，這是一個開關元件，可以在「除錯窗口」標籤頁顯示的 true 或 false 值，如下圖所示：

2-3-5 Dropdown 選單元件

Dropdown 選單元件是一個下拉式選單，可以讓使用者選取選項。Node-RED 流程：ch2-3-5.json 新增 Dropdown 元件，可以提供選單來選擇 3 種感測器，然後在 debug 節點顯示使用者的選擇，如下圖所示：

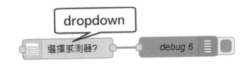

■ dropdown 節點：在【Group】欄選【[Home] 資料輸入】，【Label】欄輸入【選擇感測器？】標題文字，在【Placeholder】欄輸入預設文字【感測器種類】，在下方【Options】欄輸入 3 個選項，請按最下方【option】鈕來新增選項，在 Options 欄位的第 1 欄是選項值，以此例是數字 0、1 和 2；第 2 欄是選項名稱的溫度、溼度和光線，按最後【x】鈕可以刪除選項，如下圖所示：

- debug 節點：預設值。

在部署後，可以在 Node-RED 儀表板（http://localhost:1880/ui/）看到 Dropdown 選單元件，點選即可顯示選單的 3 個選項，請選取選項，例如：溼度，如下圖所示：

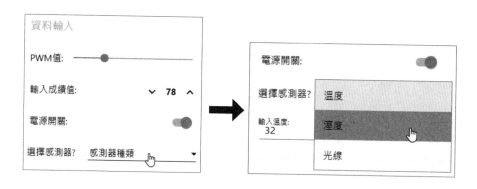

在 Node-RED 的「除錯窗口」標籤頁顯示的是使用者選取的選項值，即 1，如下圖所示：

```
msg.payload : string[1]
"1"
```

2-4 儀表板的資料輸出元件

在 Node-RED 儀表板常用的資料輸出元件有：Text、Gauge、Notification 和 Chart 元件等。

2-4-1 Text 元件輸出文字內容

Node-RED 的 Text 元件類似 Windows 視窗的 Label 標籤元件，可以作為輸出元件在儀表板顯示文字內容。Node-RED 流程：ch2-4-1.json 修改 ch2-3-1.json 流程，新增 Text 元件來顯示 TextInput 元件輸入的內容，如下圖所示：

- text 節點：在【Group】欄選【[Home] 資料輸出】，【Label】欄輸入【溫度值：】，【Layout】欄位指定編排方式，如下圖所示：

⊞ Group	[Home] 資料輸出	✔	✏
▣ Size	auto		
I Label	溫度值:		
I Value format	{{msg.payload}}		
▦ Layout			

label **value**	label **value**	label **value**
label **value**	label **value**	

在部署後，可以在 Node-RED 儀表板（http://localhost:1880/ui/）看到 Text 元件，當在 TextInput 元件輸入值，就可以在 Text 元件顯示我們輸入的值，如下圖所示：

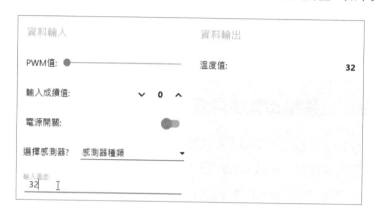

2-4-2　Gauge 元件使用計量表顯示數值

在 Node-RED 儀表板的 Gauge 計量表元件，可以使用指針方式來顯示數值資料。Gauge 元件的【Type】欄位可以選擇 4 種類型的計量表，預設值是 Gauge，如下圖所示：

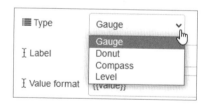

Node-RED 流程：ch2-4-2.json 修改 ch2-3-2.json 流程，在儀表板新增 Gauge 元件來顯示 Slider 元件 0～255 的輸入值，如下圖所示：

■ gauge 節點：在【Group】欄選【[Home] 資料輸出】，【Label】欄輸入【PWM 範圍值】，【Units】欄的單位是【單位值】，【Range】欄輸入值的範圍和 Slider 相同，【min】最小值設為 0；【max】最大值設為 255，如下圖所示：

⊞ Group	[Home] 資料輸出 ⌄	✏
回 Size	auto	
☰ Type	Gauge ⌄	
I Label	PWM範圍值	
I Value format	{{value}}	
I Units	單位值	
Range	min 0	max 255

在部署後，可以在 Node-RED 儀表板（http://localhost:1880/ui/）看到 Gauge 元件，拖拉 Slider 元件的滑桿，就可以在 Gauge 元件的計量表顯示輸入值，如下圖所示：

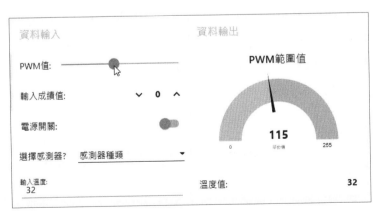

在 Gauge 元件的【Colour gradient】和【Sectors】欄位可以設定三種值範圍顯示的色彩，以此例是 0~85、86~170 和 171~255 範圍分別顯示綠、黃和紅色，點選

色塊可更改色彩，如下圖所示：

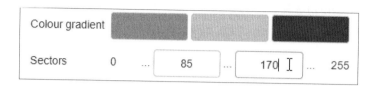

Node-RED 流程：ch2-4-2a.json 改用 Donut 類型，可以顯示 3 種範圍不同的色彩，如下圖所示：

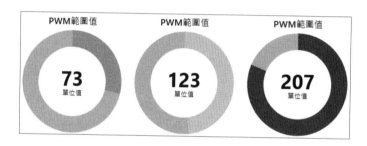

2-4-3 Notification 元件顯示警告訊息框

Notification 元件可以在螢幕畫面的四個角落顯示一個彈出的警告訊息框，或是使用訊息視窗來顯示一個警告訊息。在【Layout】欄位可以指定訊息框顯示的位置是：右上角（Top Right）、右下角（Bottom Right）、左上角（Top Left）或左下角（Bottom Left），如下圖所示：

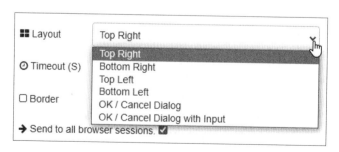

Node-RED 流程：ch2-4-3.json 修改 ch2-3-1.json 流程，新增 switch 和 Notification
元件，我們是使用 switch 節點判斷溫度是否超過 40 度，如果是，就在右上角彈出
警告訊息框顯示溫度太高，如下圖所示：

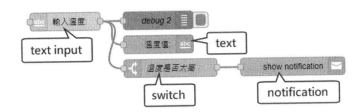

- text input 節點：在【Mode】欄位指定輸入資料是 number 數字，如下圖所示：

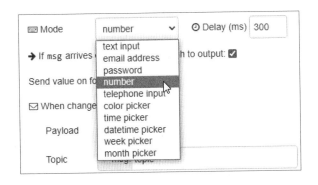

- switch 節點：在【名稱】欄輸入【溫度是否太高】;【屬性】欄位是 msg.
payload，然後新增 1 個條件，即條件運算式「msg.payload >= 40」，40 是數
字，如下圖所示：

■ notification 節點：在【Layout】欄選【Top Right】顯示在右上角，【Timeout】欄是顯示時間，3 是 3 秒，【Topic】欄是訊息內容【溫度太高！】，如下圖所示：

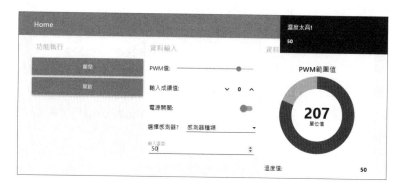

在部署後，可以在 Node-RED 儀表板（http://localhost:1880/ui/）拖拉 Slider 元件的滑桿在 Text 元件顯示輸入值，如果溫度超過 40 度，就在右上角彈出一個警告訊息框，如下圖所示：

2-4-4 Chart 元件繪製統計圖表

Node-RED 的 Chart 元件支援繪製折線圖、長條圖和圓餅圖等多種統計圖表，可以讓我們在儀表板繪出即時和多組數據的圖表。在【Type】欄位可以指定使用的圖表種類，如右圖所示：

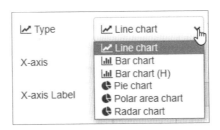

我們準備使用 Chart 元件繪出即時資料的折線圖，為了模擬即時資料，這些資料是
使用 random 亂數節點來產生所需的數據。

▌使用 random 節點產生亂數值 　　　　　　　　| ch2-4-4.json

請在 Node-RED 節點管理安裝 node-red-node-random 節點來產生亂數值，然後建立
Node-RED 流程新增節點工具箱「功能」區段的 random 節點，可以產生 1~100 之
間的整數亂數值，如下圖所示：

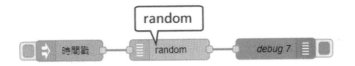

- inject/debug 節點：預設值。
- random 節點：在【Generate】欄選【a whole number - integer】產生整數亂
  數，範圍是從【From】欄的 1 至【To】欄的 100，即 1~100 之間的整數亂
  數，如下圖所示：

Node-RED 流程的執行結果，每點選一次 inject 節點，可以產生 1 個 1～100 之間的整數亂數，如下圖所示：

2022/9/8 上午10:49:28　node: debug 7
msg.payload : number
25

2022/9/8 上午10:49:29　node: debug 7
msg.payload : number
43

▌在儀表板繪出即時資料的折線圖　　　　| ch2-4-4a.json

請修改 ch2-4-4.json 流程，新增 chart 節點的折線圖，inject 節點每 2 秒周期執行，使用 random 節點產生 1～100 之間的亂數後，送入 chart 節點繪出此數據的折線圖，圖表只顯示最後 20 筆資料，如下圖所示：

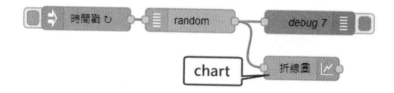

- inject 節點：每隔 2 秒鐘周期的執行，如下圖所示：

■ chart 節點：在【Group】欄選【[Home] 資料輸入】，【Label】欄輸入【折線
圖】，在【Type】欄選 Line chart 折線圖，X 軸是【X-axis】欄，可以指定顯示
最後多久時間，或最後幾筆數據，以此例是顯示最後 20 個點，如下圖所示：

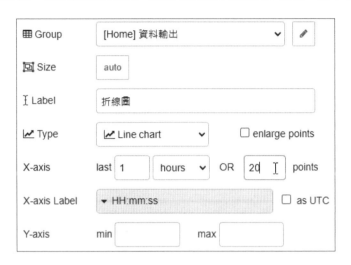

在部署後，可以在 Node-RED 儀表板（http://localhost:1880/ui/）看到 Chart 元件繪
出的即時折線圖，每 2 秒鐘新增一筆數據，如下圖所示：

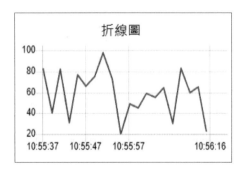

2-5 客製化儀表板的版面配置

在 Node-RED 側邊欄提供 Dashboard 工具標籤頁，我們可以在相關介面來建立版面配置和客製化佈景樣式。

2-5-1 儀表板的版面配置

Node-RED 在 Dashboard 工具標籤頁的【Layout】標籤是版面配置，可以看到新增 Home 標籤和 3 個群組，請點選位在上方標籤旁被框起的小圖示，可以馬上開啟 Node-RED 儀表板網頁，如下圖所示：

在上述圖例點選群組前的【 > 】，例如：【資料輸入】群組，可以展開下層小工具（Widgets）清單，即元件清單，當游標移至項目上，可以在後面看到【edit】鈕，按下按鈕即可編輯項目，如果項目順序不對，請直接拖拉項目來調整順序，如右圖所示：

上述【資料輸入】群組後面的【+spacer】鈕是用來新增空白小工具，可以增加元件之間的間距。當游標移至 Home 標籤時，按後面【layout】鈕，可以使用視覺化方式來拖拉編排此標籤的群組與元件，如下圖所示：

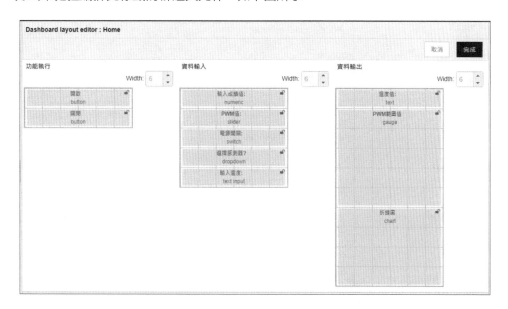

上述 Node-RED 儀表板的版面配置（Layout）是使用一個一個格子（Grid）來編排，每一個群組的寬度預設是 6 單元（Units，1 單元是 48px 寬和 6px 間隙）的格

子，小工具預設寬度是 auto 自動，會自動填滿上一層群組的寬度，當然，我們可以
自行指定小工具寬度的單元數。

基本上，版面配置編排的方法是盡可能填滿群組的寬度，從左至右排列，超過群組
寬度，就自動排至下一列，例如：在寬度 6 單元的群組排列 6 個寬度 2 單元的小工
具，就會排列成 2 列，在每一列有 3 個小工具。

2-5-2 儀表板網站設定

在 Dashboard 工具標籤頁的【Site】標籤是網站設定，首先是網站名稱（Title）和
選項設定（Options），如下圖所示：

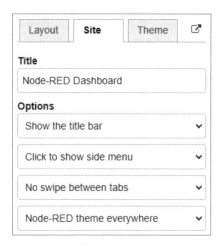

上述選項設定依序是：是否顯示標題列、主選單顯示方式、切換標籤頁方式和如何
套件佈景。

在下方是日期格式（Date Format），最後是尺寸（Sizes），可以設定小工具的尺寸
和間隙（預設是 48px 和 6px），然後是群組的填充和間隙（預設是 0px 和 6px），
如右圖所示：

2-5-3 客製化儀表板的佈景樣式

Node-RED 在 Dashboard 工具標籤頁的【Theme】標籤可以客製化佈景樣式,如下圖所示:

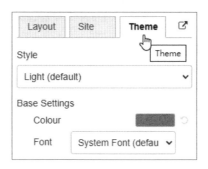

上述 Style 欄位預設提供 2 種佈景 Light(淺色系,預設值)和 Dark(深色系),如下圖所示:

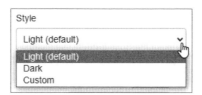

選【Custom】可以在下方欄位客製化佈景樣式，自行指定小工具、群組和標籤的文字、框線和背景色彩。在【Base Settings】欄是指定基礎色彩（Colour）和字型（Font），如下圖所示：

學習評量

1. 請說明什麼是儀表板？Node-RED 儀表板的組成結構？輸入元件有哪些？輸出元件有哪些？

2. 請舉例說明 Node-RED 儀表板的版面配置是如何編排元件？

3. 請問 Gauge 元件有幾種類型？Chart 元件可以繪出幾種統計圖表？

4. 請建立 Node-RED 儀表板的登入表單，擁有 2 個欄位可以輸入使用者名稱和密碼後，在 debug 節點顯示輸入的資料。

5. 請建立 Node-RED 儀表板建立四則計算機的 Web 介面，使用 2 種不同元件來輸入 2 個運算元的數字後，在 text 節點顯示輸入的數字。

6. 請繼續學習評量 5，新增 Dropdown 元件選擇運算子是加、減、乘或除法。

初始 Node-RED 流程與資料分享

3-1 Node-RED 流程的資料分享

Node-RED 流程的資料分享是當建立多個流程時,如何在同一個流程、不同流程和不同流程標籤頁之間來分享資料,簡單的説,就是如何跨流程來存取一些共享的資料。

3-1-1 Node-RED 流程是如何分享資料

Node-RED 流程的資料分享是使用不同範圍(Scope)的特殊變數,這是三種不同範圍的變數,如下所示:

- context 變數:在單一節點保留資料,可以記得上一次執行此節點時的資料(例如:保留計數器值 1、2、3⋯)。
- flow 變數:在同一流程標籤頁中的不同流程之間分享資料。
- global 變數:在不同標籤頁的所有流程之間來分享資料。

上述 context、flow 和 global 變數就是 context、flow 和 global 物件的屬性，在 Node-RED 可以使用 change 節點或 function 節點來建立和存取這些分享變數，如下所示：

■ function 節點：撰寫 JavaScript 程式碼存取 context（僅 function 節點可存取）、flow 和 global 變數，這是使用 set() 和 get() 方法分別指定和取得變數值。JavaScript 程式語言的教學網址，如下所示：

https://www.w3schools.com/js/default.asp。

■ change 節點：可以存取 flow 和 global 物件的屬性來存取分享資料，如下圖所示：

3-1-2 在 function 節點保留上次執行的資料

在 function 節點可以使用 context 物件保留上一次執行此節點時的資料，JavaScript 程式碼是呼叫 context.set() 方法指定變數值，方法的第 1 個參數是變數名稱字串 'counter'（字串可用單引號或雙引號括起），第 2 個參數是變數值，如下所示：

```
context.set('counter', count);
```

然後使用 context.get() 方法取出參數指定變數名稱字串 'counter' 的值，如下所示：

```
var count = context.get('counter');
```

上述方法是 Node-RED 建議存取的方法。不過，因為 context 是物件，JavaScript 也

可以使用屬性來存取 context 變數 counter 的值,如下所示:

```
context.counter = count;
var count = context.counter;
```

在 Node-RED 流程:ch3-1-2.json 是 2 個計數器流程,每點選一次 inject 節點,就可以將計數值加 1,所以我們需要記住目前的計數值,如下圖所示:

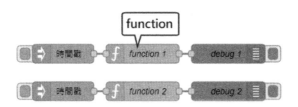

- 2 個 inject 和 2 個 debug 節點:預設值。
- function 1 節點:請輸入下列 JavaScript 程式碼,在第 1 行呼叫 get() 方法取得 counter 變數值,「||」運算子是當 counter 變數沒有值時,指定 count 變數值的初值是 0,然後將計數值加 1,在指定給 msg.payload 屬性後,呼叫 set() 方法儲存 counter 變數值如下所示:

```
var count = context.get('counter') || 0;
count = count + 1;
msg.payload = count;
context.set('counter', count);
return msg;
```

- function 2 節點:請輸入下列 JavaScript 程式碼,改用 context 物件的 counter 屬性來存取 context 變數值,如下所示:

```
var count = context.counter || 0;
count = count + 1;
msg.payload = count;
context.counter = count;
return msg;
```

Node-RED 流程的執行結果,每點選一次 inject 節點,可以在「除錯窗口」標籤頁顯示計數值加 1，如下圖所示：

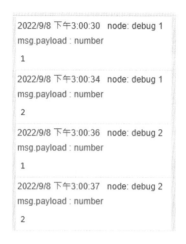

上述計數值會逐漸增加，因為已經使用 context 變數 'counter' 記住目前的計數值。

3-1-3 使用 flow 物件在不同流程分享資料

當在同一標籤頁建立了多個流程，如果需要在不同流程之間分享資料，我們可以使用 flow 變數來分享資料。

▌使用 function 節點存取 flow 變數 | ch3-1-3.json

在 function 節點也是使用 set() 和 get() 方法存取 flow 變數，2 個流程的第 1 個流程送出數值 30 後，儲存至 flow 變數 "temp"，然後在第 2 個流程取出 flow 變數 "temp" 值和顯示出來，如下圖所示：

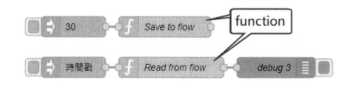

- 第 1 個 inject 節點（30）：送出數字 30。
- 第 2 個 inject 節點和 debug 節點：預設值。
- function 節點（Save to flow）：請輸入下列 JavaScript 程式碼呼叫 set() 方法指定 flow 變數 "temp" 的值，如下所示：

```
flow.set("temp", msg.payload);
return msg;
```

- function 節點（Read from flow）：請輸入下列 JavaScript 程式碼呼叫 get() 方法 取得 flow 變數 "temp" 的值，如下所示：

```
var v = flow.get("temp");
msg.payload = v;
return msg;
```

Node-RED 流程的執行結果，請先點選第 1 個流程的 inject 節點，可以建立 flow 變 數 "temp" 的值，然後點選第 2 個流程的 inject 節點，可以在「除錯窗口」標籤頁顯 示流程分享的數字 30，如下圖所示：

```
msg.payload : number
30
```

▎使用 change 節點存取 flow 變數的屬性　　　| ch3-1-3a.json

在 change 節點也可以存取 flow 變數值，使用的是 flow 物件的屬性，在第 1 個流程 送出數字 70 後，儲存至 flow 物件 humi 屬性值的 flow 變數，然後在第 2 個流程取 出 flow 物件的 humi 屬性值和顯示出來，如下圖所示：

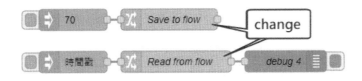

- 第 1 個 inject 節點（70）：送出數字 70。
- 第 2 個 inject 節點和 debug 節點：預設值。
- change 節點（Save to flow）：使用【設定】操作，指定 flow.humi 屬性值是 msg.payload 屬性值（如果值是物件或陣列，勾選【Deep copy value】是真的複製，而不是參考到同一個物件或陣列），如下圖所示：

- change 節點（Read from flow）：使用【設定】操作，指定 msg.payload 屬性值是 flow.humi 屬性值，如下圖所示：

Node-RED 流程的執行結果，請先點選第 1 個流程的 inject 節點，可以建立 flow 物件 humi 屬性值的 flow 變數，然後點選第 2 個流程的 inject 節點，可以在「除錯窗口」標籤頁顯示流程分享的數字 70，如下圖所示：

msg.payload : number

70

3-1-4 使用 global 物件在所有流程分享資料

如果是在不同 Node-RED 流程標籤頁建立的流程，我們需要使用 global 物件來分享
資料，global 物件是全域物件，所有標籤頁的流程都可以存取此分享資料。

▌在【流程 1】標籤的 2 個流程　　　　　　　　| ch3-1-4.json

在此標籤的 2 個流程是使用 2 個 inject 節點分別送出數字身高 175 和體重 75 後，
依序使用 function 和 change 節點儲存至 global 變數 "height" 和 "weight"，如下圖
所示：

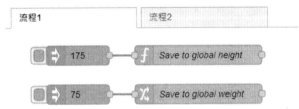

- inject 節點（175 和 75）：分別送出數字 175 和 75。
- function 節點（Save to global height）：請輸入下列 JavaScript 程式碼呼叫 set()
  方法指定 global 變數 "height" 值是 msg.payload，如下所示：

```
global.set("height", msg.payload);
return msg;
```

- change 節點（Save to global weight）：使用【設定】操作，指定 global.weight
  屬性值是 msg.payload 屬性值，如下所示：

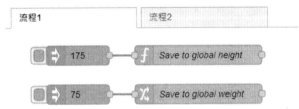

請注意！ Node-RED 流程 ch3-1-4.json 需要和 ch3-1-4a.json 流程一併執行，才能測試 global 變數 "height" 和 "weight" 的資料分享。

▌在【流程 2】標籤的 2 個流程　　　　　　　　| ch3-1-4a.json

在此標籤的 2 個流程分別使用 change 和 function 節點，可以取出 global 變數 "height" 和 "weight" 的值和顯示出來，如下圖所示：

- 2 個 inject 節點和 2 個 debug 節點：預設值。
- change 節點（Read from global height）：使用【設定】操作，指定 msg. payload 屬性值是 global.height 屬性值，如下所示：

- function 節點（Read from global weight）：請輸入下列 JavaScript 程式碼呼叫 get() 方法取出 global 變數 "weight" 的值，如下所示：

```
var w = global.get("weight");
msg.payload = w;
return msg;
```

Node-RED 流程的執行結果,請先點選【流程 1】標籤頁的 2 個 inject 節點建立 global 變數 "height" 和 "weight" 的值,然後選【流程 2】標籤頁,點選 2 個 inject 節點,就可以在「除錯窗口」標籤頁顯示流程分享的數字 175 和 75,如下圖所示:

```
2022/9/8 下午6:20:12  node: debug 5
msg.payload : number
 175
2022/9/8 下午6:20:13  node: debug 6
msg.payload : number
 75
```

3-1-5 同時存取多個 context、flow 和 global 變數值

Node-RED 的 context、flow 和 global 物件可以使用 set() 方法同時指定多個值。因為操作方式相同,只以 flow 物件為例,首先指定單一值,然後指定多個值的陣列,如下所示:

```
flow.set("v1", 1);
flow.set("v2", 2);

flow.set(["v3", "v4"], [3, 4]);
```

同理,我們可以使用 get() 方法取出多個值的陣列。首先取出單一值,然後取出索引 0 和 1 的兩個陣列元素值,如下所示:

```
var v1 = flow.get("v1");
var v2 = flow.get("v2");

var values = flow.get(["v3", "v4"]);
var v3 = values[0];
var v4 = values[1];
```

在 Node-RED 流程：ch3-1-5.json 測試存取多值的 flow 變數，如下圖所示：

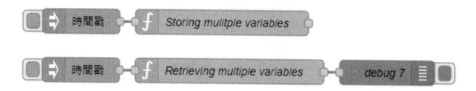

3-2 初始 Node-RED 流程

初始 Node-RED 流程就是執行流程時初始變數的初值，因為當變數沒有初值，就有可能在執行時產生一些未知錯誤，在 Node-RED 可以使用 function 節點或 config 節點來初始流程所需的變數初值。

3-2-1 使用 function 節點初始流程的變數值

在 Node-RED 流程可以使用 function 節點來初始 JavaScript 變數、context、flow 和 global 變數值。

▌初始 JavaScript 變數值 | ch3-2-1.json

在 function 節點初始 JavaScript 變數值有二種寫法，第一種是使用邏輯運算子 OR，如下所示：

```
var value = msg.payload || 100;
```

上述程式碼當 msg.payload 沒有值時，就指定變數 value 值是 100。第二種方法是使用 if/else 二選一條件敘述，條件可以使用「＝＝＝ undefined」（三個等號是值需相等，而且資料型態也需相等），或「＝＝ null」，如右所示：

```
var value;
if (msg.payload === undefined) {
    value = 100;
}
else {
    value = msg.payload;
}
```

Node-RED 流程使用 function 節點測試初始 JavaScript 變數值，如下圖所示：

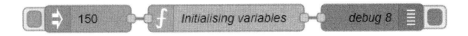

- inject 節點：送出數字 150。
- function 節點：輸入下列 JavaScript 程式碼，如下所示：

```
var value = msg.payload || 100;
msg.payload = value;
return msg;
```

- debug 節點：預設值。

  Node-RED 流程的執行結果，請點選 inject 節點，可以輸出數字 150，然後請修改 inject 節點，按之後的【x】鈕，刪除 inject 節點的 msg.payload 屬性，如下圖所示：

當成功部署後，再次點選 inject 節點，可以在「除錯窗口」標籤頁顯示預設初值是 100，如下圖所示：

```
2022/9/8 下午6:29:42  node: debug 8
msg.payload : number
 150
2022/9/8 下午6:30:58  node: debug 8
msg.payload : number
 100
```

Node-RED 流程：ch3-2-1a.json 改用 if/else 條件來初始 JavaScript 變數值。

▌ 初始 context、flow 和 global 變數 ｜ ch3-2-1b.json

我們一樣可以使用「||」運算子來初始 context、flow 和 global 變數的純量值，只以 context 變數為例，如下所示：

```
var count = context.get('counter') || 0;
```

上述「||」運算子的功能相當於下列 if 條件，可以判斷是否有 context 變數，如果沒有，就指定成 0，如下所示：

```
var count = context.get('counter') ;
if (typeof count == "undefined") {
    count = 0;
}
```

如果 context、flow 和 global 變數的初值是物件，其初值是 {}，如下所示：

```
var local = context.get('data') || {};
if (local.count === undefined) {
    local.count = 0;
}
```

上述程式碼如果 context 變數不存在，就指定成 {} 空物件，if 條件判斷 count 屬性是否存在，如果不存在，就指定屬性的初值是 0。

在下列 2 個 Node-RED 流程是使用 function 節點來測試初始 context 變數值（一樣適用 flow 和 global 變數），這是 2 個計數器流程，一個使用純量值 'counter' 變數；一是使用物件的 count 屬性，如下圖所示：

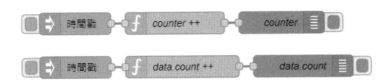

- 2 個 inject 節點：預設值。
- function 節點（counter＋＋）：輸入下列 JavaScript 程式碼，將 context 變數 'counter' 的值加 1，如下所示：

```
var count = context.get('counter') || 0;
count++;
msg.payload = count;
context.set("counter", count);
return msg;
```

- function 節點（data.count＋＋）：輸入下列 JavaScript 程式碼，將 data 物件的 count 屬性的計數值加 1，如下所示：

```
var local = context.get('data') || {};
if (local.count === undefined) {
    local.count = 0;
}
local.count++;
msg.payload = local.count;
context.set("data", local);
return msg;
```

- 2 個 debug 節點：將名稱改成 counter 和 data.count。

  Node-RED 流程的執行結果，請分別點選 2 個 inject 節點，都可以看到計數器的數字加 1 輸出，我們可以從 debug 節點名稱看出是哪一個流程的輸出值。

在設置標籤初始 context、flow 和 global 變數 　　| ch3-2-1c.json

在 function 節點的【設置】（On Start）標籤，也可以初始 context、flow 和 global 變數值，例如：修改 ch3-2-1b.json 的第 1 個流程，改在【設置】標籤初始 context 變數 "counter"，如下圖所示：

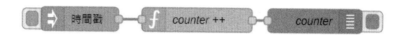

- inject 節點和 debug 節點：預設值。
- function 節點：在【設置】標籤輸入下列 JavaScript 程式碼，如果沒有 "counter" 變數，就初始值是 0，如下所示：

```
if (context.get("counter") === undefined) {
    context.set("counter", 0);
}
```

⚙ Setup	設置	函數	關閉

```
1   if (context.get("counter") === undefined) {
2       context.set("counter", 0);
3   }
```

在【函數】（On Message）標籤輸入將計數器值加 1 的程式碼，如下所示：

```
var count = context.get("counter");
count++;
msg.payload = count;
context.set("counter", count);
return msg;
```

Node-RED 流程的執行結果，請點選 inject 節點，可以看到計數器的數字加 1 輸出。

3-2-2　使用 config 節點初始流程的變數值

在 Node-RED 流程初始 flow 和 global 變數值，除了使用 function 節點，也可以自行在【節點管理】安裝 node-red-contrib-config 節點來初始 flow 和 global 變數值。

當成功安裝 config 節點後，在「功能」區段可以看到 config 節點，請直接拖拉至編輯區即可新增節點，然後開啟編輯節點對話方塊，就可以按下方【添加】鈕新增 flow 或 global 變數的初值，【Property】欄是變數名稱（使用的是屬性方式）；【Value】欄是變數初值，如下圖所示：

Node-RED 流程：ch3-2-2.json 是使用 config 節點初始 flow 變數，和改用 flow 變數建立計數器，可以看到 2 個流程都可以將計數值加 1，如下圖所示：

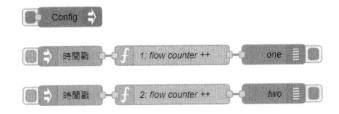

■ config 節點：初始 flow 變數 "counter" 值是 0（使用屬性方式），如下圖所示：

■ 2 個 inject 節點：預設值。

■ 2 個 function 節點：2 個節點是輸入下列相同的 JavaScript 程式碼，都是將 flow 變數 "counter" 的值加 1，如下所示：

```
var count = flow.get("counter");
count++;
msg.payload = count;
flow.set("counter", count);
return msg;
```

■ 2 個 debug 節點：將名稱改成 one 和 two。

Node-RED 流程的執行結果，請分別點選 2 個 inject 節點，都可以看到計數器的數字加 1 輸出，我們可以從 debug 節點名稱看出不同的 debug 節點的計數值都會加 1，如下圖所示：

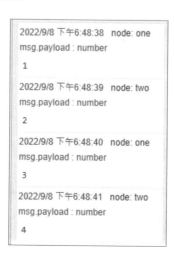

3-3 認識 JSON

「JSON」全名（JavaScript Object Notation）是由 Douglas Crockford 創造的一種輕量化資料交換格式，JSON 資料結構就是 JavaScript 物件文字表示法，不論是 JavaScript 語言或其他程式語言都可以輕易解讀，這是和語言無關純文字的資料交換格式。

在 Node-RED 的 msg.payload 屬性值可以是 JSON 格式的資料，inject 節點也可以送出此格式的資料，不只如此，Node-RED 也可以讀取 JSON 檔案，和在第 4 章建立回傳 JSON 資料的 REST API。

JSON 是一種可以自我描述和容易了解的資料交換格式，使用大括號定義成對的鍵和值（Key-value Pairs），相當於物件的屬性和值，如下所示：

```
{
    "key1": "value1",
    "key2": "value2",
    "key3": "value3",
    ...
}
```

JSON 如果是物件陣列，每一個物件是一筆記錄，我們可以使用方括號「[]」來定義多筆記錄，如同一個表格資料，如下圖所示：

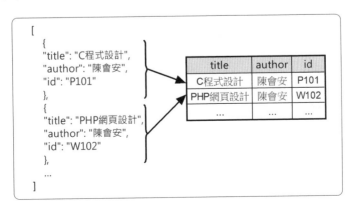

JSON 語法規則

JSON 語法就是使用 JavaScript 語法來描述資料，屬於 JavaScript 語法的子集。JSON 語法並沒有關鍵字，其基本語法規則，如下所示：

- 資料是成對鍵和值（Key-value Pairs），使用「:」符號分隔。
- 在資料之間使用「,」符號分隔。
- 使用大括號定義物件。
- 使用方括號定義物件陣列。

JSON 檔案的副檔名為 .json；MIME 型態為 "application/json"。

JSON 的鍵和值

JSON 資料是成對的鍵和值（Key-value Pairs），首先是欄位名稱，接著「:」符號，再加上值，如下所示：

```
"author": "陳會安"
```

上述 "author" 是欄位名稱，" 陳會安 " 是值，JSON 的值可以是整數、浮點數、字串（使用「"」括起）、布林值（true 或 false）、陣列（使用方括號括起）和物件（使用大括號括起）。

JSON 物件

JSON 物件是使用大括號包圍的多個 JSON 鍵和值，如下所示：

```
{
  "title": "ASP.NET網頁設計",
  "author": "陳會安",
  "category": "Web",
  "pubdate": "06/2015",
  "id": "W101"
}
```

JSON 物件陣列

JSON 物件陣列可以擁有多個 JSON 物件，例如：`"Employees"` 欄位的值是一個物件陣列，擁有 3 個 JSON 物件，如下所示：

```
{
  "Boss": "陳會安",
  "Employees": [
    { "name": "陳允傑", "tel": "02-22222222" },
    { "name": "江小魚", "tel": "03-33333333" },
    { "name": "陳允東", "tel": "04-44444444" }
  ]
}
```

3-4　使用檔案初始 Node-RED 流程

在 Node-RED 流程可以使用檔案來初始變數值，也就是從檔案讀取資料來指定變數值，我們可以使用文字檔、CSV 檔案或 JSON 檔案（即第 3-3 節 JSON 格式的資料）來初始 Node-RED 流程的變數值。

3-4-1　文字檔案處理

Node-RED 文字檔案處理是使用「存儲」區段的 write file 和 read file 節點，可以讀取文字檔案內容來進行處理，或初始變數值，如下圖所示：

上述 write file 和 read file 節點的説明，如下所示：

- write file 節點：寫入檔案，可以將 msg.payload 屬性值以【編碼】欄選擇的編碼，寫入【檔案名】欄指定路徑的檔案，其操作有三種：追加至文件（新增資料至檔尾，預設值）、複寫文件（建立全新內容的檔案）和刪除檔案，如下圖所示：

- read file 節點：讀取檔案，可以讀取檔案內容輸出成單一 utf8 編碼字串、檔案中每一行是一個 msg 訊息、Buffer 二進位資料或二進位串流，如下圖所示：

Node-RED 流程：ch3-4-1.json 可以將字串 "This is a pen." 寫入檔案 file.txt 後，讀取 file.txt 檔案內容和顯示出來，如下圖所示：

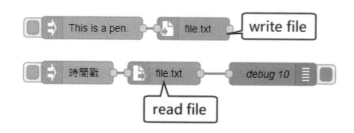

- 2 個 inject 節點：第 1 個送出 This is a pen. 字串，第 2 個是預設值。

■ write file 節點：寫入【檔案名】欄的檔案，因為沒有路徑，所以 file.txt 是寫入預設的「…\NodeJS\Data」目錄，也可以使用檔案的完整路徑，例如：「D:\file.txt」，【行為】欄是複寫文件，和在下方勾選在 msg.payload 後加上「\n」字元，【編碼】欄是 utf8，如下圖所示：

■ read file 節點：讀取【檔案名】欄的檔案，輸出是 utf8 編碼的一個字串，如下圖所示：

■ debug 節點：預設值。

Node-RED 流程的執行結果，首先點選第 1 個 inject 節點寫入檔案，然後點選第 2 個 inject 節點，可以看到讀取和輸出的檔案內容，如下圖所示：

file.txt 檔案位置是在「…\NodeJS\Data\」目錄（Node-RED 流程：ch3-4-1a.json 是儲存在「D:\file.txt」），如下圖所示：

3-4-2 使用 CSV 檔案取得變數的初值

CSV（Comma-Separated Values）檔案的內容是使用純文字方式表示的表格資料，這是一個文字檔案，每一行是表格的一列，每一個欄位使用「,」逗號來分隔，第 1 列是標題列，例如：身高和體重的 CSV 資料，如下所示：

```
Name,height,weight
Joe,170,70
Mary,160,49
```

Node-RED 流程：ch3-4-2.json 使用「解析」區段的 csv 節點來剖析上述 CSV 資料（預設分隔符號是「,」逗號），我們可以使用剖析後的資料來初始變數值，如下圖所示：

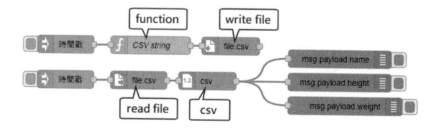

- 2 個 inject 節點：預設值。
- function 節點：請輸入 JavaScript 程式碼來指定 CSV 字串，如右所示：

```
msg.payload = "Name,height,weight\nJoe,170,70\nMary,160,49";
return msg;
```

- write file 節點：將 CSV 資料使用 utf8 編碼寫入檔案 file.csv。
- read file 節點：讀取 file.csv 檔案，輸出是 utf8 編碼的一個字串。
- csv 節點：剖析 CSV 資料，【列】欄是「,」逗號分隔的欄位名稱字串，【分隔符號】欄是【逗號】，因為第 1 列是標題列，所以在【輸入】欄忽略前 1 行，【輸出】欄是一行一條訊息，如下圖所示：

- 3 個 debug 節點：輸出 CSV 列的 3 個欄位值，如下所示：

```
msg.payload.name
msg.payload.height
msg.payload.weight
```

Node-RED 流程的執行結果，首先點選第 1 個 inject 節點將 CSV 資料寫入檔案，然後點選第 2 個 inject 節點，可以看到輸出 3 筆資料，依序是姓名、身高和體重。

3-4-3 使用 JSON 檔案取得變數的初值

Node-RED 的 json 節點可以將 JSON 資料的字串轉換成 JavaScript 物件，然後使用物件屬性取出資料來進行處理和初始變數值。Node-RED 流程：ch3-4-3.json 可以建立和讀取 JSON 檔案的資料，我們可以剖析 JSON 資料來指定變數初值，如下圖所示：

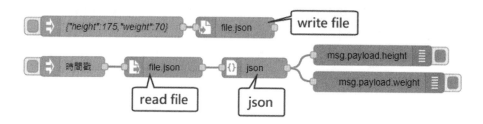

- 2 個 inject 節點：第 1 個送出 JSON 資料 {"height":175,"weight":75}，第 2 個是預設值。
- write file 節點：將 JSON 資料使用 utf8 編碼寫入檔案 file.json。
- read file 節點：讀取 file.json 檔案，輸出是 utf8 編碼的一個字串。
- json 節點：使用預設操作【JSON 字串與物件互轉】，將 JSON 字串轉換成 JavaScript 物件，如下圖所示：

⊙ 操作	JSON字串與物件互轉 ⌄
⚫⚫⚫ 屬性	msg. payload

- 2 個 debug 節點：分別輸出身高 height 和體重 weight，如下所示：

```
msg.payload.height
msg.payload.weight
```

Node-RED 流程的執行結果，首先點選第 1 個 inject 節點將 JSON 資料寫入檔案，然後點選第 2 個 inject 節點，可以看到輸出身高 175 和體重 75。

學習評量

1. 請簡單說明 Node-RED 流程的資料分享。我們可以使用哪三種變數來處理資料分享？

2. Node-RED 可以使用 _____ 或 _____ 節點來建立和存取分享變數。Node-RED 檔案處理是使用 ____ 和 _____ 節點。

3. 請問什麼是 JSON 資料？

4. 請說明什麼是初始 Node-RED 流程？我們有幾種方法來初始流程？

5. 請修改 ch3-1-2.json 的 Node-RED 流程，改用 global 變數來建立跨標籤頁的計數器。

6. 請繼續第 2 章學習評量 5. 和 6. 建立的四則計數機介面，請將 2 個運算元和運算子分別儲存成 flow 變數後，新增 Button 元件和 Text 元件，可以按下按鈕，在 Text 元件顯示四則運算的結果。

建立 Node-RED MVC 網站和 REST API

4-1 認識 Web 網站、Web 應用程式和 MVC

「Web 應用程式」（Web Application）是一種使用 HTTP 通訊協定作為溝通橋樑，在 WWW 建立的主從架構應用程式，而目前網站架構的主流架構就是 MVC。

▍Web 網站和 Web 應用程式

Web 網站（Website）是一組網頁集合，包含圖片、文字、音效和影片等資源。Web 應用程式（Web Applications）就是一種透過瀏覽器執行的應用程式（對比 Windows 視窗應用程式），這是可以提供特定功能和互動元素的 Web 網站。請注意！ Web 應用程式是在 Web 伺服器執行，並不是在客戶端瀏覽器執行。

基本上，Web 應用程式就是一種「Web 基礎」（Web-Based）的資訊處理系統（Information Processing Systems），其主要的功能是回應使用者的請求，和與使用者進行互動，例如：在網路商店輸入關鍵字查詢商品後，將商品放入購物車和進行信用卡結帳等。

目前 Internet 擁有多種不同類型的 Web 應用程式，例如：網路銀行、電子商務網站、搜尋引擎、網路商店、拍賣網站和電子公共論壇等都是不同用途的 Web 應用程式。

MVC 架構的 Web 應用程式

「MVC 設計模式」（Model-View-Controller design pattern）是一種物件導向設計模式，將應用程式的資料模型、使用介面和控制邏輯分割成 Model、View 和 Controller 三種元件，如下圖所示：

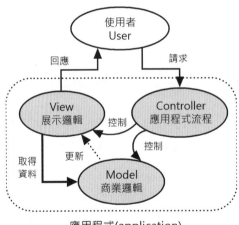

上述圖例的使用者是向 Web 應用程式的 Controller 元件提出 HTTP 請求，當收到請求後，負責控制應用程式的執行，即控制 Model 和 View 元件的狀態變更，View 元件負責產生回應的 HTML 網頁，其資料來源就是 Model 元件，如下所示：

■ Model 元件：負責 Web 應用程式的資料存取和處理，即存取和處理儲存在資料庫、文字檔案和 JSON 檔案等資料來源的資料。在 Node-RED 是使用 mysql 或 read file 節點。

- View 元件：負責產生 Web 應用程式的回應資料，可以使用 Model 物件的資料整合至 View 元件的模版來產生 HTTP 回應訊息，通常就是 HTML 網頁。在 Node-RED 就是 template 節點。
- Controller 元件：負責接收使用者從瀏覽器送出的 HTTP 請求，依據請求執行所需操作，可以下達指令給 Model 取出資料，然後送至 View 元件來產生回應的 HTML 網頁。在 Node-RED 是使用 http in 和 function 節點。

4-2 建立 MVC 的 Web 網站

Node-RED 提供 http in 和 http response 節點，可以讓我們輕鬆建立 Web 網站、Web 應用程式和回應 JSON 資料。

4-2-1 建立靜態和動態 Web 網頁

在 Node-RED 流程只需使用 http in、template 和 http response 三個節點就可以建立 Web 網站的路由（Route），在瀏覽器取得回應的 HTML 網頁或 JSON 資料。

▌認識路由

路由（Route）如同 Windows 檔案的路徑用來定位檔案位置，路由就是一個 URL 網址路徑，用來對應到 MVC 的 Controller 元件中的指定方法（在 Node-RED 是對應一個流程），如下圖所示：

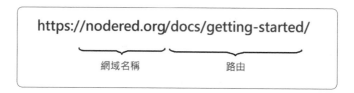

上述「/docs/getting-started」是路由，例如：Node-RED 網址是 http://localhost: 1880，儀表板的路由是「/ui」，所以 Node-RED 儀表板的 URL 網址，如下所示：

```
http://localhost:1880/ui
```

在 Node-RED 是使用一個流程來回應使用者的 HTTP 請求，我們是在 http in 節點定義路由，例如：「/hello」，此時的 URL 網址，如下所示：

```
http://localhost:1880/hello
```

Node-RED 的 template 節點

在「功能」區段的 template 節點是一個模版，可以用來產生網頁內容的 HTML 標籤字串。當新增 template 節點後，可以開啟編輯 template 節點對話方塊，如下圖所示：

上述編輯節點對話方塊的屬性說明，如下所示：

- 屬性：節點輸入預設是 msg.payload 屬性，在【屬性】欄位可以指定套用模版後輸出的屬性名稱，預設也是 msg.payload 屬性。
- 模版：在此方框是類似程式碼編輯器的模版文字編輯區域，支援多種語法高亮度顯示的模版文字內容，如右圖所示：

- 格式：選擇使用 Mustache 模版（預設值）或純文字格式。
- 輸出為：設定輸出內容是純文字（預設值）、JSON 或 YAML（Yet Another Markup Language）。

┃ 建立靜態 Web 網頁內容　　　　　　　　　　　　| ch4-2-1.json

Node-RED 流程可以回應一頁靜態的 HTML 網頁內容，路由是「/hello」，這是使用「網路」區段的 http in 和 http response 節點，再加上「功能」區段的 template 節點建立回應的 HTML 標籤字串，如下圖所示：

- http in 節點：建立 Web 網站的路由，在【請求方式】欄選 HTTP 方法，支援 GET、POST、PUT、DELETE 和 PATCH，以此例是 GET 方法，在【URL】欄位輸入路由「/hello」，如下圖所示：

■ template 節點：建立 Web 網頁內容，輸入的 HTML 標籤就是回應資料（在此範例並沒有使用 Mustache 模版，只有單純 HTML 標籤），如下所示：

```
<html>
    <head>
        <title>Hello</title>
    </head>
    <body>
        <h1>我的Hello World!網頁</h1>
    </body>
</html>
```

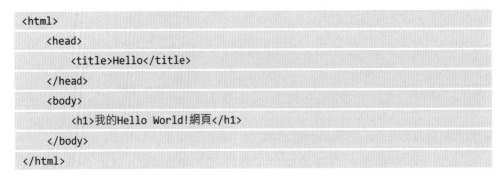

HTML 教學網站：https://www.w3schools.com/html/default.asp。

■ http response 節點：使用預設值，可以建立 msg.payload 屬性值的 HTTP 回應給瀏覽器。

在部署流程後，請啟動瀏覽器輸入下列網址，可以看到 HTML 網頁內容，如下所示：

http://localhost:1880/hello

▌建立動態 Web 網頁　　　　　　　　　　　| ch4-2-1a.json

在 Node-RED 流程可以使用 function 節點新增資料，例如：新增 myname 屬性值，
然後在 template 節點的模版填入此屬性值，即可建立回應的動態 Web 網頁，路由
是「/test」，如下圖所示：

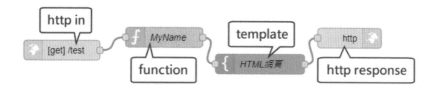

- http in 節點：在【請求方式】欄選 GET 方法，在【URL】欄位輸入路由「/
  test」，如下圖所示：

- function 節點：請輸入下列 JavaScript 程式碼新增 msg.payload.myname 屬性，
  其值是 "陳會安"，如下所示：

```
msg.payload.myname = "陳會安";
return msg;
```

- template 節點：HTML 模版網頁是在 <h1> 標籤顯示 msg.payload.myname 屬
  性值，這是使用「{{」和「}}」括起的物件屬性值，即 {{payload.myname}}
  （請注意！不需要 msg），而屬性值就是插入在此位置，如下所示：

```
<html>
    <head>
        <title>Test</title>
    </head>
    <body>
```

```
        <h1>這是{{payload.myname}}的網頁</h1>
    </body>
</html>
```

- http response 節點：使用預設值，可以建立 msg.payload 屬性值的 HTTP 回應給瀏覽器。

在部署流程後，請啟動瀏覽器輸入下列網址，可以看到網頁內容，姓名就是在 function 節點建立的 myname 屬性值，如下所示：

http://localhost:1880/test

4-2-2 使用 JSON 資料建立 Web 網站

實務上，MVC 架構的 Model 資料來源大多是資料庫，在 Node-RED 可以回傳資料庫資料成為 JSON 物件，換句話說，我們可以直接使用 JSON 物件來模擬 Model 元件的資料來源，將這些資料整合至 View 元件的 template 節點來建立 HTML 動態網頁。

Node-RED 流程：ch4-2-2.json 建立路由「/data」，這是使用 change 節點新增 JSON 物件，然後在 template 節點顯示 JSON 物件的內容，如下圖所示：

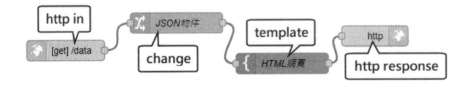

- http in 節點：在【請求方式】欄選 GET 方法，在【URL】欄位輸入路由「/data」，如下圖所示：

- change 節點：使用【設定】操作，指定 msg.payload 屬性值是 JSON 物件，如下所示：

```
{"name":"Joe Chen","age":20}
```

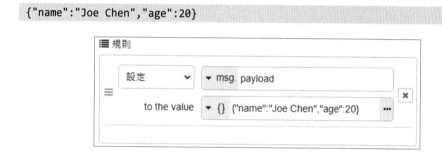

- template 節點：在 HTML 模版網頁的 <h1> 標籤內容顯示 msg.payload.name 屬性值，即 {{payload.name}}，和 <h2> 標籤內容顯示 msg.payload.age 屬性值，即 {{payload.age}}（請注意！並不需要 msg），如下所示：

```
<html>
    <head>
        <title>JSON Object</title>
    </head>
    <body>
        <h1>姓名: {{payload.name}}</h1>
        <h2>年齡: {{payload.age}}</h2>
    </body>
</html>
```

- http response 節點：預設值。

在部署流程後，請啟動瀏覽器輸入下列網址，可以看到網頁內容，Joe Chen 和 20 的資料來源是 JSON 物件，如下所示：

http://localhost:1880/data

4-2-3 路由的查詢和 URL 參數

在 http in 節點的 HTTP 請求會建立 req 物件，可以使用 req 物件取得路由的查詢參數和 URL 參數值。

▌ 路由的查詢參數　　　　　　　　　　　　　　　| ch4-2-3.json

在路由的最後可以加上「?」符號的查詢參數，如下所示：

```
http://localhost:1880/query?name=Joe
```

上述網址有 1 個名為 name 的查詢參數，其值為 Joe。如果參數不只一個，請使用「&」符號分隔，如下所示：

```
http://localhost:1880/query?name=Joe&age=22
```

上述路由傳遞參數 name 和 age，其值分別是「=」等號後的 Joe 和 22。我們準備建立路由「/query」的流程，在 template 節點可以使用 msg.req.query 再加上參數名稱 name 和 age 來取得查詢參數值，即 msg.req.query.name 和 msg.req.query. age，如下圖所示：

- http in 節點：在【請求方式】欄選 GET 方法，在【URL】欄位輸入路由「/ query」。
- template 節點：在 HTML 模版網頁使用 msg.req.query 取得查詢參數 name 和 age 的值，即 {{req.query.name}} 和 {{req.query.age}}（請注意！並不需要 msg），如下所示：

```
<html>
    <head>
        <title>Query Parameters</title>
    </head>
    <body>
        <h1>姓名: {{req.query.name}}</h1>
        <h2>年齡: {{req.query.age}}</h2>
    </body>
</html>
```

- http response 節點：預設值。

在部署流程後，請啟動瀏覽器輸入下列網址，在「?」號後是查詢參數，名稱是 name；值是 Joe，可以看到網頁內容顯示參數值 Joe，但是沒有 age，如下所示：

http://localhost:1880/query?name＝Joe

請在最後輸入「&」符號後，再加上第 2 個參數 age，就可以在網頁內容顯示年齡參數值，如下所示：

http://localhost:1880/query?name＝Joe&age＝22

路由的 URL 參數 | ch4-2-3a.json

除了查詢參數，在路由「/url」之後也可以加上 URL 參數，在 Node-RED 流程是使用「/url/:name」路由定義 name 參數，在 template 節點可以使用 msg.req.params 屬性取得 URL 參數值，因為在路由已經指定參數名稱是 name，所以可以使用 msg.req.params.name 屬性來取得參數值，如下圖所示：

- http in 節點：在【請求方式】欄選 GET 方法，在【URL】欄位輸入路由「/url/:name」，「:name」就是參數名稱 name，如下圖所示：

- template 節點：在 HTML 模版網頁使用 msg.req.params 取得 URL 參數 name 的值，即 {{req.params.name}}（請注意！並不需要 msg），如下所示：

```html
<html>
    <head>
        <title>URL Parameters</title>
    </head>
    <body>
        <h1>姓名: {{req.params.name}} </h1>
```

```
    </body>
</html>
```

■ http response 節點：預設值。

在部署流程後，請啟動瀏覽器輸入下列網址，在「/url」路由後是 URL 參數值「/Joe」，可以看到網頁內容顯示參數值 Joe，如下所示：

http://localhost:1880/url/Joe

4-2-4　建立回傳 JSON 資料的路由

Node-RED 流程也可以回傳 JSON 資料，而不是 HTML 網頁。Node-RED 流程：ch4-2-4.json 建立路由「/json」來回傳 JSON 資料，如下圖所示：

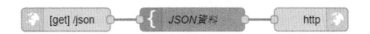

■ http in 節點：在【請求方式】欄選 GET 方法，在【URL】欄位輸入路由「/json」。

■ template 節點：在模版建立回傳的 JSON 資料，如下所示：

```
{ "name" : "Joe" }
```

■ http response 節點：按下方【添加】鈕新增 HTTP 標頭資訊，第 1 欄是 Content-Type，第 2 欄是 application/json，即指定回傳的是 JSON 資料，如下圖所示：

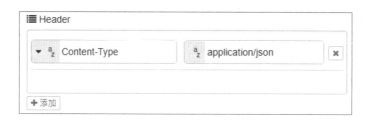

在部署流程後，請啟動瀏覽器輸入下列網址，可以看到回應內容是 JSON 資料，如下所示：

http://localhost:1880/json

4-3 使用其他資料來源建立 Web 網站

Model 是建立網頁內容的資料來源，我們可以使用 flow 變數的分享資料來建立回應的 HTML 網頁，或使用 read file 節點開啟 HTML 網頁檔案或圖檔來建立 Web 網站。

4-3-1 使用 flow 變數的分享資料建立 Web 網頁

Node-RED 流程：ch4-3-1.json 使用 flow 變數的分享資料來建立 Web 網頁，共有 2 條流程，在第 1 個流程模擬 Model 元件，將資料存入 flow 變數作為資料來源，第 2 個流程從 flow 變數取出資料來建立 Web 網頁，如右圖所示：

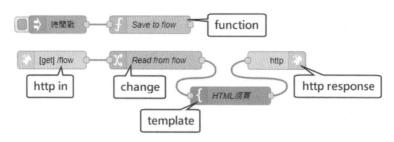

- inject 節點：預設值：
- function 節點：輸入下列 JavaScript 程式碼，可以將 JavaScript 物件存入 flow 變數 "model"，如下所示：

```
var data = {
    name: "陳小新",
    age: 22
};
flow.set("model", data);
return msg;
```

- http in 節點：在【請求方式】欄選 GET 方法，在【URL】欄位輸入路由「/flow」。
- change 節點：使用【設定】操作，以屬性 model 值來讀取 flow 變數 "model" 後，指定給 msg.payload，如下圖所示：

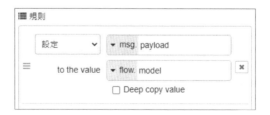

- template 節點：在 HTML 模版網頁的 {{payload.name}} 和 {{payload.age}}，就是 flow 變數 "model" 分享的資料，如下所示：

```
<html>
    <head>
```

```
        <title>Flow Object</title>
    </head>
    <body>
        <h1>姓名: {{payload.name}}</h1>
        <h2>年齡: {{payload.age}}</h2>
    </body>
</html>
```

■ http response 節點：預設值。

在部署流程後，請先點選 inject 節點初始 flow 變數 "model"，然後啟動瀏覽器輸入下列網址，可以看到 HTML 網頁內容顯示的姓名和年齡，如下所示：

http://localhost:1880/flow

4-3-2　使用 HTML 網頁檔案建立 Web 網站

除了使用 template 節點來產生 HTML 標籤，我們也可以直接開啟 HTML 網頁檔案來取得回應的 HTML 標籤字串。Node-RED 流程：ch4-3-2.json 是使用 read file 節點，讀取 HTML 網頁檔案 fchart.html 來建立回應的 HTML 標籤，如下圖所示：

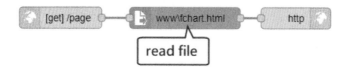

■ http in 節點：在【請求方式】欄選 GET 方法，在【URL】欄位輸入路由「/page」。

■ read file 節點：在【檔案名】欄是 www\fchart.html 檔案，輸出是 utf8 編碼的一個字串，如下圖所示：

■ http response 節點：預設值。

在部署流程後，請先複製「\ch04\www」目錄至「…\NodeJS\Data」目錄後，可以看到「…\NodeJS\Data\www」目錄下的 fchart.html 檔案（koala.png 是準備在第 4-3-3 節顯示的 PNG 圖檔），如下圖所示：

然後啟動瀏覽器輸入下列網址，可以看到 fchart.html 檔案的 HTML 網頁內容，如下所示：

http://localhost:1880/page

4-3-3 在 HTML 網頁顯示圖片檔案

同樣方式，我們可以使用 read file 節點在 HTML 網頁顯示圖檔。在 Node-RED 流程：ch4-3-3.json 共有 2 個流程，第 1 條流程是「/image」路由，使用 read file 節點讀取和顯示圖檔，第 2 條「/show」路由是在 HTML 的 <img> 標籤顯示第 1 個流程的圖檔，如下圖所示：

- 2 個 http in 節點：【請求方式】欄都是選 GET 方法，在【URL】欄位分別輸入路由「/image」和「/show」。

- read file 節點：在【檔案名】欄輸入 www\koala.png 檔案，輸出是一個 Buffer 物件，如下圖所示：

- http response 節點（回應圖片）：按下方【添加】鈕新增 HTTP 標頭資訊，第 1 欄是 Content-Type，第 2 欄是 image/png，指定回傳的是 PNG 格式的圖片資料，如下圖所示：

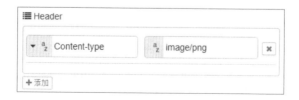

- template 節點：請在 HTML 模版網頁輸入下列 HTML 標籤來建立網頁內容，

<img> 標籤可以顯示圖片，src 屬性值是第 1 個流程的路由「/image」，如下所示：

```html
<html>
    <head>
        <title>顯示圖片</title>
    </head>
    <body>
        <h1>無尾熊</h1>
        <img src="/image" height="200" weight="200"/>
    </body>
</html>
```

- http response 節點：預設值。

在部署流程後，請先複製「\ch04\www」目錄至「…\NodeJS\Data」目錄後，可以看到「…\NodeJS\Data\www」目錄下的 PNG 圖檔 koala.png。然後請啟動瀏覽器輸入下列網址，可以看到圖檔內容，如下所示：

http://localhost:1880/image

接著輸入下列網址，可以看到在 HTML 網頁內容顯示的圖檔，如下所示：

http://localhost:1880/show

4-4 使用檔案建立 REST API

REST（REpresentational State Transfer）是一種 Web 應用程式架構，符合 REST 的系統稱為 RESTful。REST API 就是使用 HTTP 請求的 Web API，其操作類型是 GET、PUT、POST 和 DELETE 方法，對應資料讀取、更新、建立和刪除操作。

在第 4-2-4 節的 Node-RED 流程（路由「/json」）可以回傳 JSON 資料，這是直接在 template 節點建立回傳的 JSON 資料來建立 REST API，我們準備改用 read file 節點 來讀取 JSON 檔案，然後回應檔案內容的 JSON 資料來建立 REST API。

請將「\ch04」目錄下的 books.json 檔案複製到「⋯\NodeJS\Data」目錄後，Node-RED 流程：ch4-4.json 建立路由「/json2」讀取 books.json 檔案，直接將檔案內容的 JSON 資料作為 HTTP 回應，如下圖所示：

- http in 節點：在【請求方式】欄選 GET 方法，在【URL】欄位輸入路由「/json2」。

■ read file 節點：在【檔案名】欄輸入 books.json 檔案，輸出是 utf8 編碼的一個字串，如下圖所示：

■ http response 節點：按下方【添加】鈕新增 HTTP 標頭資訊，第 1 欄是 Content-Type，第 2 欄是 application/json，即指定回傳的是 JSON 資料，如下圖所示：

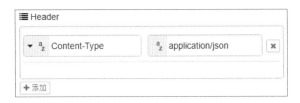

在部署流程後，請啟動瀏覽器輸入下列網址，可以看到回應的內容是 JSON 資料，如下所示：

http://localhost:1880/json2

我們可以使用線上 JSON 編輯器來格式化編排 JSON 資料，請複製瀏覽器中的 JSON
資料至 https://jsoneditoronline.org/ 的 JSON Editor，如下圖所示：

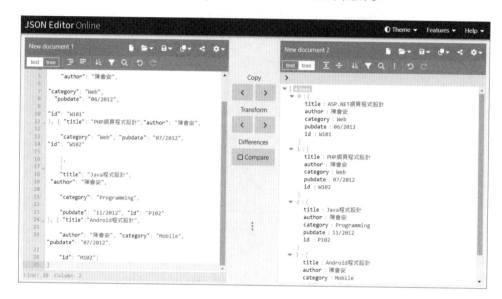

上述圖例是將 JSON 資料複製至左邊，按 Transform 下的【 > 】鈕，再按
【 Transform 】鈕，可以轉換成右邊的階層結構，圖書資料是 JSON 陣列，每一本圖
書是一個 JSON 物件。

學習評量

1. 請說明什麼是 Web 網站、Web 應用程式和 MVC？

2. 請舉例說明路由是什麼？

3. Node-RED 是在 _____ 節點定義路由；_____ 節點建立 HTML 網頁內容。

4. 請簡單說明 Node-RED 的 Web 網站如何回傳 JSON 資料和顯示圖檔？

5. 請建立一個路由「/me」的 Node-RED 流程，可以回傳顯示讀者姓名和學號的 HTML 網頁。

6. 在第 4-4 節是使用 read file 節點的單一流程來建立 REST API，請改成二個流程，一個讀取 JSON 檔案至 flow 變數，然後使用 flow 變數來建立 REST API。

Node-RED 與 MySQL 資料庫

5-1 認識與使用 MySQL 資料庫

關聯式資料庫（Relational Database）是目前資料庫系統的主流，市面上大部分資料庫管理系統都是一種關聯式資料庫管理系統（Relational Database Management System），例如：Access、MySQL、SQL Server、Oracle 和 SQLite 等。

5-1-1 認識 MySQL/MariaDB 資料庫

MySQL 是一套開放原始碼的關聯式資料庫管理系統，原來是 MySQL AB 公司開發和提供技術支援（已經被 Oracle 公司併購），這是 David Axmark、Allan Larsson 和 Michael Monty Widenius 在瑞典設立的公司，其官方網址為：http://www.mysql.com。

MySQL 源於 mSQL，跨平台支援 Linux/UNIX 和 Windows 作業系統，MySQL 原開發團隊因懷疑 Oracle 公司對開放原始碼的支持，所以成立了一間新公司開發完全相容 MySQL 的 MariaDB 資料庫系統，目前來說，MySQL 就是指 MySQL 或 MariaDB。

MariaDB 完全相容 MySQL，而且保證永遠開放原始碼，目前已經是普遍使用的資料庫伺服器之一，Facebook 和 Google 等公司都已經改用 MariaDB 取代 MySQL，其官方網址是：https://mariadb.org/。

5-1-2 MySQL 資料庫的基本使用

在本章是使用可攜式版本的 MySQL 資料庫，和使用 HeidiSQL 管理工具來管理 MySQL 資料庫。

▌啟動與停止 MySQL 伺服器

在本書提供的 Node 可攜式套件已經包含 MySQL 和 HediSQL 管理工具，請開啟 fChart 主選單，執行「MySQL 資料庫 > 啟動 MySQL」命令啟動 MySQL 伺服器。

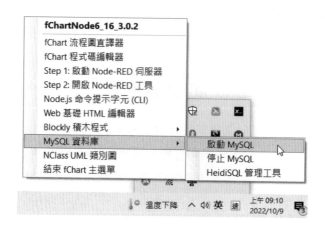

如果是第 1 次啟動 MySQL 伺服器,就會看到「Windows 安全性警訊」對話方塊,請按【允許存取】鈕,如下圖所示:

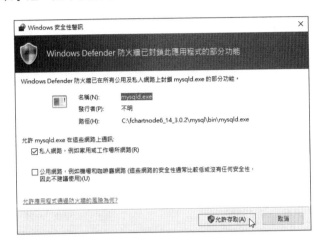

MySQL 伺服器是在背景執行,並沒有使用介面,請啟動 HeidiSQL 工具連接 MySQL 伺服器,若能夠成功連接,就表示成功啟動 MySQL 伺服器。結束 MySQL 請執行「MySQL 資料庫 > 停止 MySQL」命令。

▌ 啟動 HeidiSQL 工具連接 MySQL 伺服器

HeidiSQL 管理工具是 Ansgar Becker 開發的免費 MySQL 管理工具,一套好用且可靠的 SQL 工具,支援管理 MySQL、微軟 SQL Server 或 PostgreSQL 資料庫。

在啟動 MySQL 伺服器後,就可以啟動 HeidiSQL 管理工具來連接 MySQL 伺服器,其步驟如下所示:

Step 1 請開啟 fChart 主選單,執行「MySQL 資料庫 > HeidiSQL 管理工具」命令啟動 HeidiSQL 管理工具。

Step 2 在「Session Manager」對話方塊的左邊選【MySQL】,可以在右邊看到伺服器連接資訊(類型是 MariaDB or MySQL),以 TCP/IP 連接本機 MySQL伺服器,使用者是 root；並沒有密碼，預設埠號是 3306，請按【Open】鈕連接 MySQL 伺服器。

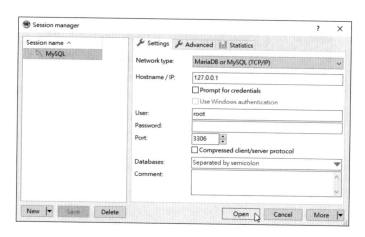

Step 3 成功連接 MySQL 伺服器，可以看到 HeidiSQL 工具的管理介面。

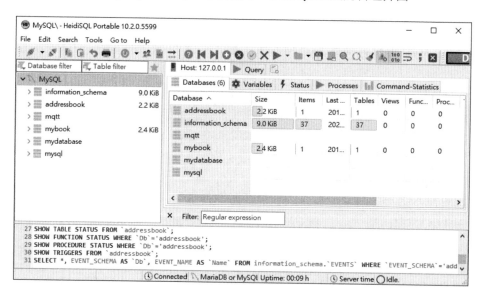

上述管理介面左邊是 MySQL 伺服器的資料庫清單；右邊標籤頁是管理介面（可以使用上方標籤頁進行切換），以此例是 Databases（點選資料庫可以看到相關資訊），在下方訊息視窗顯示相關操作訊息。

▌刪除 MySQL 資料庫

因為目前 MySQL 伺服器已經存在 mybook 資料庫，我們準備先刪除此資料庫後，再使用 SQL 指令碼匯入同名的資料庫，其步驟如下所示：

`Step 1` 在左邊管理的資料庫清單選【mybook】，執行【右】鍵快顯功能表的【Drop …】命令刪除資料庫。

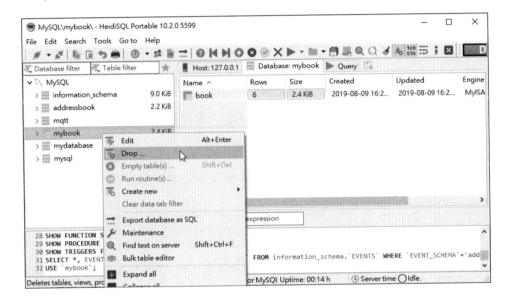

`Step 2` 在「MySQL: Confirm」對話方塊，按【OK】鈕確認刪除 mybook 資料庫。

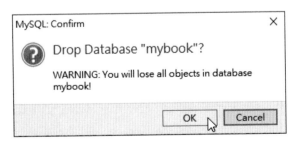

在左邊管理介面的資料庫清單已經沒有 mybook 資料庫，如下圖所示：

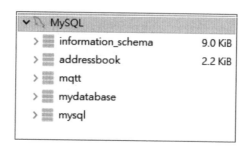

使用 HeidiSQL 工具匯入 MySQL 資料庫

HeidiSQL 管理工具可以開啟 SQL 指令碼檔案後，執行 SQL 指令來匯入資料庫，其步驟如下所示：

Step 1 請啟動 HeidiSQL 管理工具連接 MySQL 伺服器，執行「File > Load SQL file」命令載入 SQL 指令碼檔案。

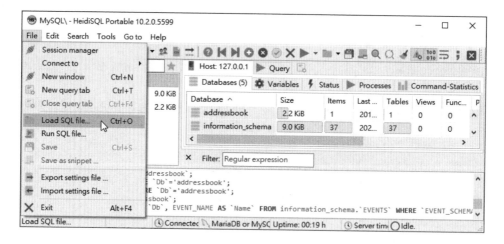

Step 2 在「開啟」對話方塊切換至「\ch05\」路徑，選【mybook.sql】檔案，按
【開啟】鈕開啟 SQL 指令碼檔案。

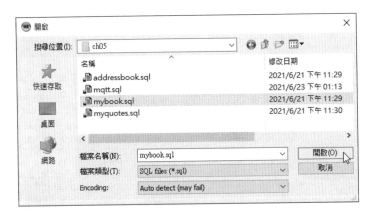

Step 3 在【mybook.sql】標籤可以看到載入的 SQL 指令碼，請按游標所在的
【Execute SQL】鈕（或按 F9 鍵），執行 SQL 指令建立 mybook 資料庫和 book 資料
表。

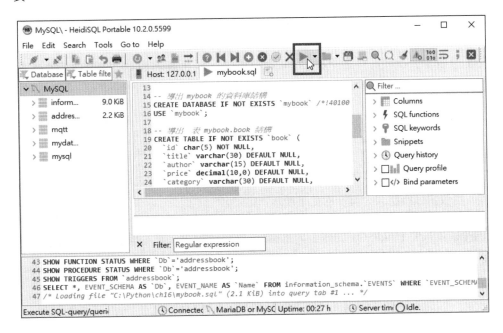

Step 4 在左邊 MySQL 伺服器上，執行滑鼠【右】鍵快顯功能表的【Refresh】命令（或按 F5 鍵），可以看到新增的 mybook 資料庫，展開可以看到之下的 book 資料表。

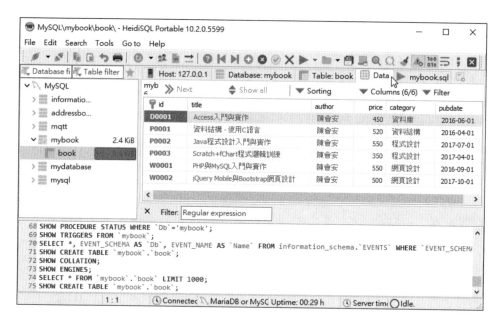

在左邊選 mybook 資料庫下的 book 資料表後，即可在右邊選上方的【Data】標籤，顯示 book 資料表的記錄資料。

▍使用 HeidiSQL 工具輸入和執行 SQL 指令

在 HeidiSQL 管理工具提供編輯功能來輸入和執行 SQL 指令，可以測試第 5-2 節 SQL 指令的執行結果，其步驟如下所示：

Step 1 請啟動 HeidiSQL 管理工具連接 MySQL 伺服器，在左邊選【mybook】資料庫，執行「File＞New query tab」命令新增查詢標籤頁，然後在編輯窗格輸入 SQL 指令碼：【SELECT * FROM book】。

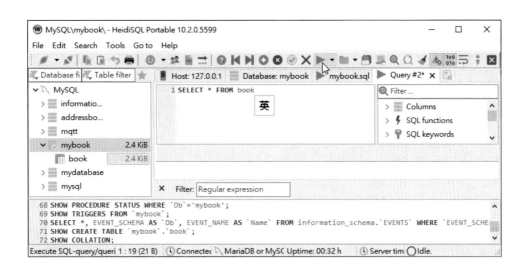

Step 2 按上方工具列游標所在【Execute SQL】鈕（或按 F9 鍵），可以在下方看到使用表格顯示的查詢結果，如下圖所示：

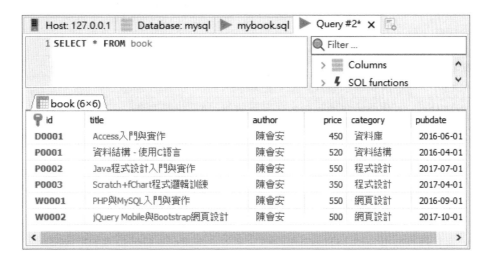

Step 3 執行「File > Save」命令儲存 SQL 指令碼成為檔案，以此例是儲存成「\ch05\ch5-1-2.sql」。

5-2　SQL 結構化查詢語言

SQL 是關聯式資料庫使用的語言，提供相關指令來插入、更新、刪除和查詢資料庫的記錄資料。

5-2-1　認識 SQL

「SQL 結構化查詢語言」（Structured Query Language，SQL）是目前主要的資料庫語言，早在 1970 年，E. F. Codd 建立關聯式資料庫觀念的同時，就提出構想的資料庫語言，在 1974 年 Chamberlin 和 Boyce 開發 SEQUEL 語言，這是 SQL 原型，IBM 稍加修改後作為其資料庫 DBMS 的資料庫語言，稱為 System R，1980 年 SQL 名稱正式誕生，從此 SQL 逐漸壯大成為一種標準的關聯式資料庫語言。

SQL 語言能夠使用很少指令和直覺語法，單以記錄存取和資料查詢指令來說，SQL 指令只有 4 個，如下表所示：

指令	說明
INSERT	在資料表插入一筆新記錄
UPDATE	更新資料表記錄，這些記錄是已經存在的記錄
DELETE	刪除資料表記錄
SELECT	查詢資料表記錄，可以使用條件查詢符合條件的記錄

5-2-2　SQL 的資料庫查詢指令

SQL 資料庫查詢指令是【SELECT】指令，可以查詢資料表符合條件的記錄資料。

▍SELECT 基本語法

SQL 查詢指令只有一個 SELECT，其基本語法如下所示：

```
SELECT column1, column2
```

```
FROM table
WHERE conditions
```

上述 column1～2 是欲取得的記錄欄位，table 是資料表，conditions 是查詢條件，以口語來說，就是：「從資料表 table 取回符合 WHERE 條件所有記錄的欄位 column1 和 column2」。

▌「*」記錄欄位

SELECT 指令如果需要取得整個記錄的全部欄位，可以使用「*」符號代表所有欄位名稱，以 mybook 範例資料庫為例，如下所示：

```
SELECT * FROM book
```

上述指令沒有指定 WHERE 過濾條件，執行結果取回 book 資料表的所有記錄和所有欄位。

▌ FROM 子句指定資料表

SELECT 指令的 FROM 子句指定使用的資料表，因為同一資料庫可以有多個資料表，在查詢時是使用 FROM 指定查詢的目標資料表，例如：在建立 newbook 資料表後，查詢 newbook 資料表的指令，如下所示

```
SELECT * FROM newbook
```

5-2-3 WHERE 子句的條件語法

WHERE 子句才是 SELECT 查詢指令的主角，在之前的語法只是指明從哪一個資料表和取得哪些欄位，WHERE 子句才是過濾條件。

單一查詢條件

SQL 查詢如果是使用單一條件，在 WHERE 子句條件的基本規則和範例，如下所示：

- 文字欄位需要使用單引號括起，例如：書號為 P0001，如下所示：

```
SELECT * FROM book
WHERE id='P0001'
```

- 數值欄位不需單引號括起，例如：書價為 550 元，如下所示：

```
SELECT * FROM book
WHERE price=550
```

- 文字欄位可以使用【LIKE】包含運算子，包含此字串即符合條件，配合「%」或「_」萬用字元代表任何字串或單一字元，只需包含指定子字串就符合條件。例如：書名包含 ' 程式 ' 子字串，如下所示：

```
SELECT * FROM book
WHERE title LIKE '%程式%'
```

- 數值欄位可以使用 < >、>、<、> = 和 < = 不等於、大於、小於、大於等於和小於等於等運算子建立查詢條件，例如：書價大於 500 元，如下所示：

```
SELECT * FROM book
WHERE price > 500
```

多查詢條件

WHERE 條件如果不只一個，可以使用邏輯運算子 AND 和 OR 來連接，其基本規則如下所示：

- AND 且運算子：連接前後條件都需成立，整個條件才成立。例如：書價大於等於 500 元且書名有 ' 入門 ' 子字串，如右所示：

```
SELECT * FROM book
WHERE price >= 500 AND title LIKE '%入門%'
```

■ OR 或運算子：連接前後條件只需任一條件成立即可。例如：書價大於等於 500
元或書名有 '入門' 子字串，如下所示：

```
SELECT * FROM book
WHERE price >= 500 OR title LIKE '%入門%'
```

WHERE 子句還可以建立複雜條件，連接 2 個以上條件，即在同一 WHERE 子句使
用 AND 和 OR，如下所示：

```
SELECT * FROM book
WHERE price < 550
   OR title LIKE '%入門%'
   AND title LIKE '%MySQL%'
```

上述指令查詢書價小於 550 元，或書名有 '入門' 和 'MySQL' 子字串。

▌ 在 WHER 子句使用「()」括號

在 WHERE 子句的條件如果有括號，查詢的優先順序是括號中優先，所以會產生不
同的查詢結果，如下所示：

```
SELECT * FROM book
WHERE (price < 550
   OR title LIKE '%入門%')
   AND title LIKE '%與%'
```

上述指令查詢書價小於 550 元或書名有 '入門' 子字串，而且書名有 '與' 子字串。

5-2-4　排序輸出

SQL 查詢結果如果需要進行排序，可以使用指定欄位進行由小到大，或由大到小的
排序，請在 SELECT 查詢指令後加上 ORDER BY 子句，如下所示：

```
SELECT * FROM book
WHERE price >= 500
ORDER BY price
```

上述 ORDER BY 子句後是排序欄位，這個 SQL 指令是使用書價欄位 price 進行排序，預設由小到大，即 ASC。如果想倒過來由大到小，請加上 DESC，如下所示：

```
SELECT * FROM book
WHERE price >= 500
ORDER BY price DESC
```

5-2-5 SQL 聚合函數

SQL 聚合函數可以進行資料表欄位的筆數、平均、範圍和統計函數，提供進一步的分析數據，如下表所示：

聚合函數	說明
Count(Column)	計算記錄的筆數
Avg(Column)	計算欄位的平均值
Max(Column)	取得記錄欄位的最大值
Min(Column)	取得記錄欄位的最小值
Sum(Column)	取得記錄欄位的總和

例如：計算圖書的平均書價，如下所示：

```
SELECT Avg(price) As 平均書價 FROM book
```

5-2-6 SQL 資料庫操作指令

SQL 資料庫操作指令有三個：INSERT、DELETE 和 UPDATE。

▌INSERT 插入記錄指令

SQL 插入記錄操作是新增一筆記錄到資料表，INSERT 指令的基本語法，如右所示：

```
INSERT INTO table (column1,column2,…)
VALUES ('value1', 'value2', …)
```

上述指令的 table 是準備插入記錄的資料表名稱，column1～n 為資料表的欄位名稱，value1～n 是對應的欄位值。例如：在 book 資料表新增一筆圖書記錄，如下所示：

```
INSERT INTO book (id,title,author,price,category,pubdate)
VALUES ('C0001', 'C語言程式設計', '陳會安', 510, '程式設計', '2019/01/01')
```

▎UPDATE 更新記錄指令

SQL 更新記錄操作是將資料表內符合條件的記錄，更新指定欄位的內容，UPDATE 指令的基本語法，如下所示：

```
UPDATE table SET column1 = 'value1'
WHERE conditions
```

上述指令的 table 是資料表，column1 是資料表需更新的欄位名稱，欄位不用全部資料表欄位，只需列出需更新的欄位即可，value1 是更新的欄位值，若更新欄位不只一個，請使用逗號分隔，如下所示：

```
UPDATE table SET column1 = 'value1' , column2 = 'value2'
WHERE conditions
```

上述 column2 是另一個需要更新的欄位名稱，value2 是更新的欄位值，最後的 conditions 是更新條件。例如：在 book 資料表更新一筆圖書記錄的定價和出版日期，如下所示：

```
UPDATE book SET price=490 ,
        pubdate='2019/02/01'
WHERE id='C0001'
```

DELETE 刪除記錄指令

SQL 刪除記錄操作是將符合條件的資料表記錄刪除，DELETE 指令的基本語法，如下所示：

```
DELETE FROM table WHERE conditions
```

上述指令的 table 是資料表，conditions 為刪除記錄的條件，以口語來説就是：「將符合 conditions 條件的記錄刪除掉」。例如：在 book 資料表刪除書號 C0001 的一筆圖書記錄，如下所示：

```
DELETE FROM book WHERE id='C0001'
```

5-3 Node-RED 的資料庫查詢

Node-RED 支援處理 MySQL 資料庫查詢和操作的 mysql 節點，只需使用單 1 節點，就可以執行 SQL 指令查詢和操作資料庫。

5-3-1 Node-RED 的 mysql 節點安裝與使用

Node-RED 流程可以使用 mysql 節點來執行資料庫查詢和操作，我們需要自行在【節點管理】安裝 node-red-node-mysql 節點。

mysql 節點的使用和伺服器設定

Node-RED 流程可以透過「存儲」區段的 mysql 節點下達 SQL 指令來查詢、插入、更新和刪除資料表的記錄資料，如下圖所示：

上述節點是透過 msg.topic 和 msg.payload 屬性來執行 SQL 指令和取得指令的執行結果，其說明如下所示：

- msg.topic：其屬性值是 SQL 指令字串，這是下達給 MySQL 伺服器執行的 SQL 指令。
- msg.payload：其屬性值是 MySQL 伺服器執行 msg.topic 的 SQL 指令後的執行結果，如果是查詢指令，可以回傳符合條件的記錄資料，沒有找到，回傳 null，回傳的記錄資料是 JSON 物件陣列，每一個 JSON 物件是一筆記錄。

在使用 mysql 節點前需要使用配置節點設定連接 MySQL 伺服器指定資料庫的相關設定，例如：連接 mybook 資料庫，其步驟如下所示：

Step 1 請啟動 MySQL 伺服器後，拖拉新增 mysql 節點，然後開啟編輯節點對話方塊，在【Database】欄選【添加新的 MySQL database 節點】，按之後圖示鈕。

Step 2 在【Host】欄是預設本機 IP 位址 127.0.0.1，【Port】欄是預設埠號 3306，請在【User】欄輸入使用者名稱 root；【Password】欄是密碼，因為沒有密碼，請保留空白，最後在【Database】欄輸入資料庫名稱【mybook】，按【添加】鈕新增資料庫連接設定。

Host	127.0.0.1
Port	3306
User	root
Password	
Database	mybook
Timezone	±hh:mm
Charset	UTF8

Step 3 再按【完成】鈕完成 mysql 節點設定，可以看到節點名稱就是資料庫名稱，按【部署】鈕，可以看到成功連接 MySQL 資料庫伺服器（在下方狀態是 connected 已連接），如下圖所示：

5-3-2 查詢 MySQL 資料庫

在了解 SQL 語言的 SELECT 指令和新增 mysql 節點的資料庫連接設定後，就可以使用 SELECT 指令來查詢 mybook 資料庫的記錄資料。

> 請注意！當 Node-RED 匯入擁有 mysql 節點的流程（不是導入副本），預設不包含連接設定的使用者名稱和密碼，在部署前需要重新指定配置節點的 User 和 Password 欄位值。

▌ 使用 HTML 表格顯示 SQL 查詢圖書資料　　　　　| ch5-3-2.json

我們準備建立 Web 網站使用 HTML 表格，來顯示 MySQL 資料庫查詢結果的圖書資料，路由是「/allbook」，如下圖所示：

- http in 節點：在【請求方式】欄選 GET 方法，在【URL】欄位輸入路由「/ allbook」。

- function 節點：輸入下列 JavaScript 程式碼指定 msg.topic 值的 SQL 指令字串，可以查詢全部 book 資料表的所有圖書資料，如下所示：

```
msg.topic = "SELECT * FROM book";
return msg;
```

- mysql 節點：在【Database】欄選第 5-3-1 節新增的 mybook，如下圖所示：

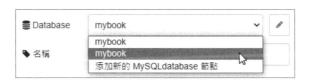

- template 節點：在 HTML 模版網頁是使用 HTML 表格 <table> 顯示圖書查詢結果的多筆記錄資料，因為有多筆，所有使用 {{#payload}} 和 {{/payload}} 重複顯示表格列 <tr> 標籤，每一個 <tr> 標籤是一本圖書，可以取出書號 {{id}}、書名 {{title}} 和定價 {{price}}，如下所示：

```html
<html>
    <head>
        <title>Books</title>
    </head>
    <body>
      <h1>圖書資料</h1>
      <table border="1">
        {{#payload}}
          <tr><td>{{id}}</td><td>{{title}}</td><td>{{price}}</td></tr>
        {{/payload}}
      </table>
    </body>
</html>
```

- http response 節點：預設值。

在部署流程後，請啟動瀏覽器輸入下列網址，就可以看到使用 HTML 表格顯示的圖書清單，如下所示：

http://localhost:1880/allbook

顯示 SQL 查詢的單筆圖書資料　　　　　　　　　| ch5-3-2a.json

我們準備使用 SQL 指令查詢書號 D0001 的單筆圖書資料，路由是「/onebook」，如下圖所示：

- http in 節點：在【請求方式】欄選 GET 方法，在【URL】欄位輸入路由「/onebook」。
- function 節點（SQL Query）：輸入下列 JavaScript 程式碼指定 msg.topic 值的 SQL 指令字串，使用書號條件查詢此本圖書資料，如右所示：

```
msg.topic = "SELECT * FROM book WHERE id='D0001'";
return msg;
```

- mysql 節點：在【Database】欄選第 5-3-1 節新增的 mybook。
- function 節點（Get Book）：輸入下列 JavaScript 程式碼取出 msg.payload 的單筆圖書資料，因為只有 1 筆，所以索引值是 0，即書號 msg.payload[0].id 和書名 msg.payload[0].title，然後建立 {} 空物件來重新新增 id 和 title 屬性值，如下所示：

```
var id = msg.payload[0].id;
var title = msg.payload[0].title;
msg.payload = {};
msg.payload.id = id;
msg.payload.title = title;
return msg;
```

- template 節點：在 HTML 模版網頁顯示圖書查詢結果的書號和書名，這是使用 {{payload.id}} 和 {{payload.title}} 顯示圖書的書號和書名，如下所示：

```
<html>
    <head>
        <title>Book</title>
    </head>
    <body>
        <h2>書號: {{payload.id}}</h2>
        <h2>書名: {{payload.title}}</h2>
    </body>
</html>
```

- http response 節點：預設值。

在部署流程後，請啟動瀏覽器輸入下列網址，就可以看到單筆圖書的書號和書名，如下所示：

http://localhost:1880/onebook

5-4 Node-RED 的資料庫操作

Node-RED 流程一樣是使用 mysql 節點來插入、更新和刪除 book 資料表的記錄資料。

▌ INSERT 指令插入記錄資料　　　　　　　　　　　| ch5-4.json

我們準備建立 Node-RED 流程使用 INSERT 指令插入一筆圖書的記錄資料，如下圖所示：

- inject 節點和 debug 節點：預設值。
- function 節點：輸入下列 JavaScript 程式碼指定 msg.topic 值的 SQL 指令字串，首先是欄位值變數，接著建立 INSERT 指令字串，如下所示：

```
var id = 'C0001';
var title = 'C語言程式設計';
var author = '陳會安';
var price = 510;
var category = '程式設計';
var pubdate = '2018/01/01';
msg.topic = "INSERT INTO book" +
```

```
        "(id,title,author,price,category,pubdate)" +
        "VALUES ('"+ id +"','" + title +
        "','" + author + "'," + price +
        "','" + category + "','" + pubdate + "' )";
return msg;
```

- mysql 節點：在【Database】欄選第 5-3-1 節新增的 mybook。

Node-RED 流程的執行結果，請點選 inject 節點執行 SQL 指令插入一筆 C0001 的圖書記錄，在 HeidiSQL 工具的最後可以看到這一筆新增的記錄（需按 F5 鍵重新整理），如下圖所示：

🔑 id	title	author	price	category	pubdate
D0001	Access入門與實作	陳會安	450	資料庫	2014-06-01
P0001	資料結構 - 使用C語言	陳會安	520	資料結構	2014-04-01
P0002	Java程式設計入門與實作	陳會安	550	程式設計	2015-07-01
P0003	Scratch+fChart程式邏輯訓練	陳會安	350	程式設計	2015-04-01
W0001	PHP與MySQL入門與實作	陳會安	550	網頁設計	2014-09-01
W0002	jQuery Mobile與Bootstrap網頁設計	陳會安	500	網頁設計	2015-10-01
C0001	C語言程式設計	陳會安	510	程式設計	2018-01-01

▎UPDATE 指令更新記錄資料　　　　　　　　　| ch5-4a.json

JavaScript 樣板字面值（Template Literals）可以在字串中嵌入運算式或變數，讓我們將運算結果和變數值插入字串，稱為字串內插（String Interpolation）。請注意！樣板字面值的字串是使用反引號（此按鍵是位在鍵盤 Tab 鍵上方的按鍵）括起，然後使用「${ }」嵌入變數或運算式，如下所示：

```
msg.topic = `UPDATE book SET price=${newprice},` +
            `pubdate='${newpubdate}' WHERE id='${id}'`;
```

我們準備建立 Node-RED 流程使用 UPDATE 指令更新 C0001 圖書的書價和出版日期，如下圖所示：

- inject 節點和 debug 節點：預設值。
- function 節點：輸入下列 JavaScript 程式碼指定 msg.topic 值的 SQL 指令字串，首先是欄位值，然後使用樣板字面值建立 UPDATE 指令字串，如下所示：

```
var id = 'C0001';
var newprice = 490;
var newpubdate = '2018/02/01';
msg.topic = `UPDATE book SET price=${newprice},` +
            `pubdate='${newpubdate}' WHERE id='${id}'`;
return msg;
```

- mysql 節點：在【Database】欄選第 5-3-1 節新增的 mybook。

Node-RED 流程的執行結果，請點選 inject 節點執行 SQL 指令更新圖書記錄，在 HeidiSQL 工具可以看到 C0001 記錄的書價和出版日期已經更新（需按 F5 鍵重新整理），如下圖所示：

id	title	author	price	category	pubdate
D0001	Access入門與實作	陳會安	450	資料庫	2014-06-01
P0001	資料結構 - 使用C語言	陳會安	520	資料結構	2014-04-01
P0002	Java程式設計入門與實作	陳會安	550	程式設計	2015-07-01
P0003	Scratch+fChart程式邏輯訓練	陳會安	350	程式設計	2015-04-01
W0001	PHP與MySQL入門與實作	陳會安	550	網頁設計	2014-09-01
W0002	jQuery Mobile與Bootstrap網頁設計	陳會安	500	網頁設計	2015-10-01
C0001	C語言程式設計	陳會安	490	程式設計	2018-02-01

▌DELETE 指令刪除記錄資料　　　　　　　　　　| ch5-4b.json

我們準備建立 Node-RED 流程使用 DELETE 指令刪除 C0001 圖書的記錄資料，這次改用 template 節點來建立 SQL 指令，如下圖所示：

- inject 節點：送出文字列的書號 C0001 字串。
- template 節點：在【屬性】欄指定 msg.topic 後，使用 {{payload}} 建立 DELETE 指令字串的書號條件，如下所示：

```
DELETE FROM book WHERE id='{{payload}}'
```

- mysql 節點：在【Database】欄選第 5-3-1 節新增的 mybook。
- debug 節點：預設值。

Node-RED 流程的執行結果，請點選 inject 節點執行 SQL 指令刪除圖書記錄，在 HeidiSQL 工具可以看到 C0001 這筆記錄已經刪除了（需按 F5 鍵重新整理）。

5-5 使用 MySQL 資料庫查詢結果建立 REST API

Node-RED 使用 mysql 節點查詢 MySQL 資料庫，可以回傳查詢結果的 JSON 物件陣列，換句話說，我們可以直接使用 MySQL 資料庫的查詢結果來建立 REST API。

Node-RED 流程：ch5-5.json 整合第 5-3-2 節和第 4-2-4 節的流程，直接將 MySQL 資料庫的查詢結果，輸出成 JSON 資料來建立 REST API，如下圖所示：

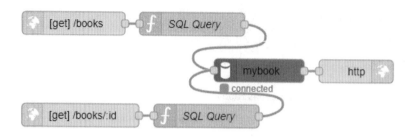

- 2 個 http in 節點：在【請求方式】欄都選 GET 方法，在【URL】欄位分別輸入路由「/books」和「/books/:id」，id 是 URL 參數。
- function 節點（上方）：輸入下列 JavaScript 程式碼指定 msg.topic 值的 SQL 指令字串，可以查詢全部的圖書資料，如下所示：

```
msg.topic = "SELECT * FROM book";
return msg;
```

- function 節點（下方）：輸入下列 JavaScript 程式碼指定 msg.topic 值的 SQL 指令字串，可以使用書號為條件來查詢單本圖書資料，如下所示：

```
id = msg.req.params.id;
msg.topic = "SELECT * FROM book WHERE id='" + id + "'";
return msg;
```

- mysql 節點：在【Database】欄新增或選擇 mybook 資料庫的 MySQL 伺服器連接（匯入節點需重設 User 和 Password 欄位）。
- http response 節點：按下方【添加】鈕新增 HTTP 標頭資訊，第 1 欄是 Content-Type，第 2 欄是 application/json，即指定回傳的是 JSON 資料，如下圖所示：

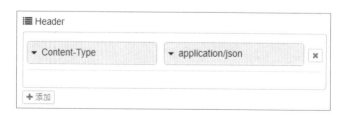

在部署流程後，請啟動瀏覽器輸入下列網址，可以看到回應的內容是全部圖書的 JSON 資料，如下所示：

http://localhost:1880/books

然後輸入下列網址，在路由最後是書號 P0002 的 URL 參數，可以看到回應的內容是此本圖書的 JSON 資料，如下所示：

http://localhost:1880/books/P0002

學習評量

1. 請問什麼是 MySQL 資料庫？什麼是 SQL 語言？

2. 請使用 HeidiSQL 工具輸入和測試執行第 5-2 節說明的 SQL 指令。

3. 請使用 HeidiSQL 工具開啟 addressbook 資料庫的 address 資料表來檢視記錄，欄位有編號 id、姓名 name、電郵 email 和電話 phone 欄位，如果沒有看到此資料庫，請執行 addressbook.sql 建立此資料庫。

4. 請建立 Node-RED 流程的 Web 網站，路由是「/alladdresses」，在新增連接學習評量 3. 的 addressbook 資料庫後，可以使用 HTML 表格來顯示所有聯絡人的記錄資料。

5. 請建立 Node-RED 流程的 Web 網站，路由是「/oneaddress」，可以連接學習評量 3. 的 addressbook 資料庫，使用 HTML 網頁顯示指定聯絡人的記錄資料。

6. 請使用 Node-RED 流程建立 REST API，路由是「/addressapi」，可以使用學習評量 3. 的 addressbook 資料庫，回傳所有聯絡人記錄的 JSON 資料。

P A R T

使用 App Inventor 2 視覺化拼圖拼出你的 IoT 裝置

App Inventor 基本使用

6-1 App Inventor 開發環境

App Inventor 2 是 Web 平台，一套免費開放原始碼（Open Source）的雲端開發平台來開發 Android App，跨平台支援開發 Android/iOS App。請注意！本書如果沒有特別說明，App Inventor 是指 App Inventor 2，簡稱 AI2。

首先請參閱附錄 A-2 節在 Windows 作業系統建立 App Inventor 開發環境，我們只需申請 Google 帳戶、下載安裝 Nox 夜神模擬器和 MIT AI2 Companion，就可以建立本書 App Inventor 2 開發環境，如下圖所示：

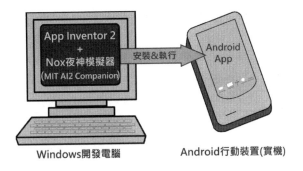

Windows開發電腦　　　　Android行動裝置(實機)

上述開發環境是使用 Android 實機或 Nox 夜神模擬器來測試執行本書 App Inventor 開發的 Android App。

6-2 建立第一個 Android App

當成功建立 App Inventor 開發環境後，就可以登入新增 AI2 專案，來建立你自己的第一個 Android App。

6-2-1 新增 AI2 專案開發 Android App

我們準備建立的第 1 個 Android App 是一個顯示歡迎文字的 App，可以將文字輸入盒組件輸入的內容顯示在標籤組件。請注意！Android App 不是 Windows 應用程式，我們需要使用 Android 實機或模擬器來測試執行 Android App。

▌步驟一：登入 App Inventor 雲端開發平台

在本書是使用 Google Chrome 瀏覽器連線 App Inventor 雲端開發平台，其步驟如下所示：

Step 1 請啟動瀏覽器進入 http://ai2.appinventor.mit.edu/，在選擇 Google 帳戶後，可以看到一個歡迎對話方塊，請按【繼續】鈕。

Step 2 當成功進入 App Inventor 開發環境的使用介面後，可以看到專案管理介面，請按【CLOSE】鈕，如果已經開啟專案，預設會進入上一次最後開啟的 AI2 專案。

Step 3 如果看到使用介面是英文介面，請點選右上方「English > 正體中文」命令，可以切換成正體中文的使用介面。

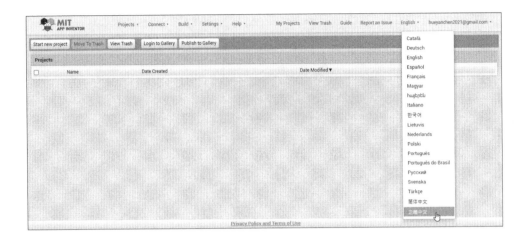

Step 4 接著重複看到中文內容的歡迎對話方塊,請先按【繼續】鈕後,再按
【CLOSE】鈕。

▌ 步驟二:新增 AI2 專案

當成功進入 App Inventor 開發環境的使用介面後,就可以新增名為【ch6_2_1】的
AI2 專案,其步驟如下所示:

Step 1 在 App Inventor 專案管理介面,按左上方【新增專案】鈕,在對話方塊的
【專案名稱】欄輸入專案名稱【ch6_2_1】(名稱不支援中文,可用英文大小寫、數
字和「_」底線),按【確定】鈕建立專案。

Step 2 稍等一下,可以進入編輯頁面,預設是「畫面編排」介面的設計頁面。

步驟三：新增和編排使用介面組件

App Inventor 是使用視覺化方式，從「組件面板」區選取拖拉組件來建立使用介面，請繼續上面步驟依序新增【文字輸入盒】、【按鈕】和【標籤】三個使用介面組件，其步驟如下所示：

Step 1 在左邊「組件面板」區，選「使用者介面」分類的【文字輸入盒】組件，將組件拖拉至中間的「工作面板」區，新增名為【文字輸入盒1】的組件。

Step 2 然後選「使用者介面」分類的【按鈕】組件,將組件拖拉至【文字輸入盒 1】組件之下,新增名為【按鈕 1】的組件。

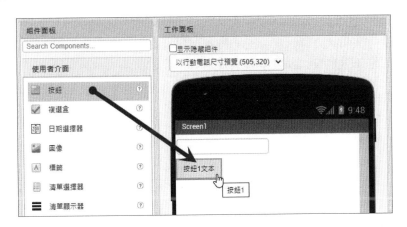

Step 3 最後選「使用者介面」分類的【標籤】組件,將標籤組件拖拉至【按鈕 1】組件之下,新增名為【標籤 1】的組件,預設內容【標籤 1 文本】。

Step 4 目前的使用介面已經新增 3 個組件,在「工作面板」區右邊的「組件列表」區,可以看到階層結構顯示的 3 個組件,如下圖所示:

步驟四：更改組件名稱

組件預設名稱是以組件名稱加上編號，例如：Screen1、標籤 1 和按鈕 1 等。在實務上，為了方便辨識組件，建議將組件名稱重新命名成有意義名稱，特別是哪些需要建立積木程式的組件。請繼續上面步驟，如下所示：

Step 1 在「組件列表」區選【文字輸入盒 1】，按下方【重新命名】鈕，即可重新替組件命名（按【刪除】鈕是刪除組件）。

Step 2 在「重命名組件」對話方塊的【新名稱】欄輸入新名稱【文字輸入盒輸入】，按【確定】鈕更改組件名稱。

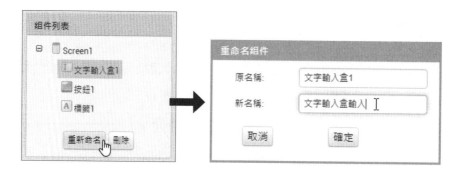

Step 3 請重複步驟 2 更改【按鈕 1】組件成為【按鈕歡迎】;【標籤 1】組件成為
【標籤輸出】,如下圖所示:

步驟五:設定組件屬性

當我們在「工作面板」或「組件列表」區選取組件後,即可在「組件屬性」區設定
組件屬性來更改設定。請繼續上面步驟,如下所示:

Step 1 在「工作面板」區點選畫面標題 Screen1 後,在「組件屬性」區找到【標
題】屬性,點選輸入【我的歡迎 App】後,可以看到標題列已經改成屬性值。

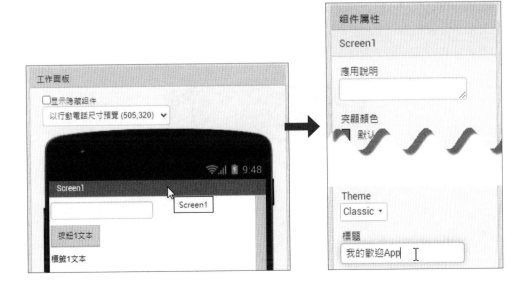

Step 2 在「組件列表」區選【標籤輸出】組件，在「組件屬性」區勾選【粗體】字，【字體大小】屬性改成【30】，然後找到【文字】屬性輸入「歡迎！」內容（在文字最後有 1 個空白字元），可以看到【標籤輸出】組件顯示內容已經更改樣式成比較大的粗體字。

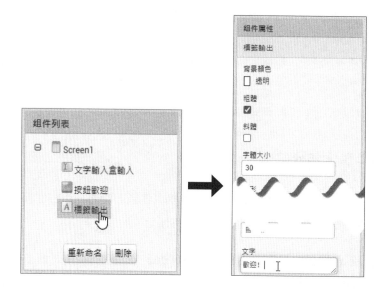

Step 3 請重複步驟 2，選【文字輸入盒輸入】組件，更改【提示】屬性值成【請輸入姓名】,【按鈕歡迎】組件的【文字】屬性值是【歡迎使用者】，可以看到目前我們建立的使用介面，如下圖所示：

步驟六：新增組件事件處理的積木程式

當完成使用介面的建立後，我們需要思考組件的行為，即回應什麼事件和作什麼事？主要是兩項工作，如下所示：

■ 有哪些組件需要新增事件處理來建立組件的行為。

■ 回應事件的事件處理需要完成什麼工作。

在步驟六是第 1 項工作，我們準備新增按鈕組件的【被點選】事件的事件處理，即按下按鈕所觸發的事件，這是擁有嘴巴的積木，可以在之中建立所需的積木程式。請繼續上面步驟，如下所示：

Step 1 按右上方【程式設計】鈕切換至程式設計的積木程式編輯器。

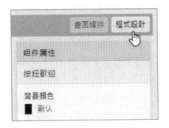

Step 2 在左邊「模塊」區選「Screen1/ 按鈕顯示」組件，中間可以顯示此組件可用的事件處理、屬性和方法列表，請拖拉【當 - 按鈕顯示 . 被點選 - 執行】事件處理積木至工作面板，若選錯積木，請拖拉積木至右下角垃圾桶圖示 🗑 來刪除積木。

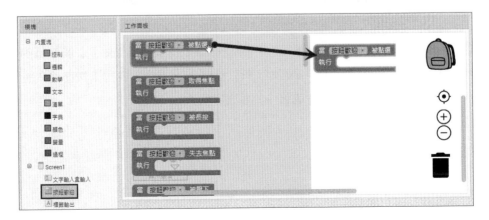

▌步驟七：拼出事件處理的積木程式

在新增按鈕組件的事件處理積木後，我們可以開始拼出處理此事件的積木程式，即前述的第 2 項工作，可以將【文字輸入盒輸入】組件輸入的文字內容顯示在【標籤輸出】組件原內容的最後，即合併原來的標籤內容。請繼續上面步驟，如下所示：

Step 1 選「Screen1/ 標籤輸出」組件，拖拉【設 - 標籤輸出 . 文字 - 為】指定屬性值的積木至工作面板。

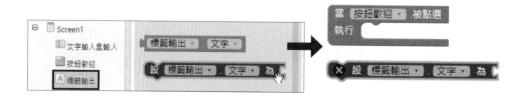

Step 2 選「內置塊 / 文本」，然後拖拉【合併文字】積木至工作面板。

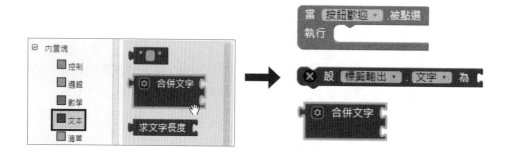

Step 3 然後選「Screen1/ 標籤輸出」組件，拖拉【標籤輸出 . 文字】屬性值的積木至工作面板後，再選「Screen1/ 文字輸入盒輸入」組件，拖拉【文字輸入盒輸入 . 文字】屬性值的積木至工作面板，如右圖所示：

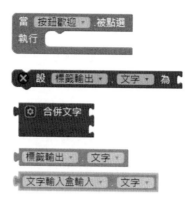

Step 4 接著拼出積木程式，首先將【合併文字】積木連接至【設 - 標籤輸出 . 文字 - 為】積木之後，可以看到連接後的積木程式。

Step 5 然後分別將【標籤輸出 . 文字】和【文字輸入盒輸入 . 文字】積木連接至【合併文字】積木後的上 / 下兩個插槽。

Step 6 最後將上述整個積木拖拉至大嘴巴中，可以看到與積木上方插槽連接成的積木程式，這就是點選按鈕執行的積木程式。

6-2-2 測試執行 Android App

App Inventor 提供多種方法來測試執行我們開發的 Android App，這是位在「連線」和「打包 apk」功能表的命令，其說明如下所示：

■ 使用 AI Companion 程式測試執行：AI Companion 程式本身就是一個手機 App，在 Nox 夜神模擬器和 Android/iOS 實機（手機或平板）都需要安裝此 App，AI2 是透過此程式來測試執行 Android App，並沒有真的在裝置安裝 App。

■ 打包成 apk 檔來測試執行：將專案編譯建構成 APK 檔後，使用 Android 實機（Apple 的 iOS 並不支援）掃瞄 QR Code，即可下載 APK 檔來安裝和測試執行 Android App，這是真的在裝置安裝 App，我們一樣可以在 Nox 夜神模擬器安裝 APK 和測試執行 App。

▎使用 AI Companion 程式測試執行 Android App

在 Android/iOS 行動裝置或 Nox 夜神模擬器安裝 MIT AI2 Companion 程式（請參閱 A-2-2 節）後，因為 AI2 Companion 支援 Android/iOS 裝置，可以跨平台執行開發的 App。請注意！因為 iOS 權限問題，一些硬體裝置並無法在 iOS 裝置使用 AI Companion App 來測試執行。

當行動裝置和 App Inventor 開發電腦都連線同一個 Wifi 網路基地台時，就可以使用 Wifi 連線，在裝置執行 MIT AI2 Companion 來測試執行 Android App，其步驟如下所示：

Step 1 請確認 Windows 電腦和 Android/iOS 行動裝置都連線同一個 Wifi 基地台。

Step 2 繼續第 6-2-1 節的專案，執行「連線 > AI Companion 程式」命令，可以顯示二維條碼 QR Code 的訊息框，和 6 個字元的連線代碼。

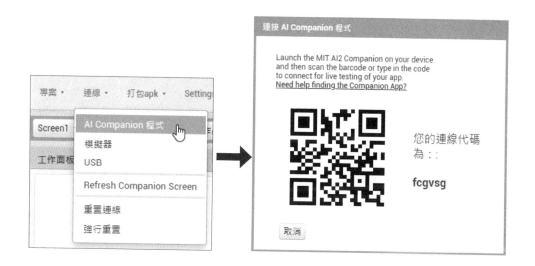

Step 3 請在 Android/iOS 行動裝置或 Nox 夜神模擬器啟動 MIT AI2 Companion 後，按最下方【scan QR code】鈕掃瞄 QR Code 二維條碼，或自行輸入 6 個字元的連線代碼，Nox 夜神模擬器無法掃瞄請自行輸入代碼（下圖左是 Android；下圖右是 iOS），如下圖所示：

Android

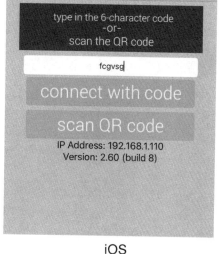

iOS

Step 4 按【connect with code】鈕測試執行 Android App（下圖左是 Android；下圖右是 iOS），如下圖所示：。

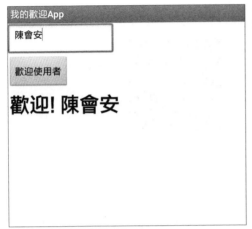 

| Android | iOS |

安裝 APK 檔來測試執行 Android App

App Inventor 可以將專案建構打包成 APK 檔，然後下載至 PC 電腦，或產生 QR Code 二維條碼來下載至行動裝置，即可在 Android 行動裝置或 Nox 夜神模擬器安裝 App（Apple 的 iOS 並不支援），其步驟如下所示：

Step 1 請繼續第 6-2-1 節專案，執行「打包 apk＞Android App (apk)」命令。

Step 2 可以看到目前正在打包 APK 檔的進度，等到打包完成，就會顯示下載按鈕和 QR Code 二維條碼訊息框。

如果使用 Android 實機，請直接掃瞄 QR Code 來安裝，Nox 夜神模擬器請按【Download .apk now】鈕下載 APK 檔至 PC 電腦，檔名就是專案名稱：ch6_2_1. apk。

然後點選 APK 檔即可在 Nox 夜神模擬器安裝 Android App，當在模擬器安裝 App 完成後，即可看到 App 的執行結果，如下圖所示：

6-3 App Inventor 使用介面說明

App Inventor 使用介面主要分成兩大部分的開發介面，如下所示：

- 【畫面編排】頁面：使用介面編排設計的開發介面。
- 【程式設計】頁面：拖拉積木拼出積木程式的開發介面。

畫面編排頁面

App Inventor 畫面編排頁面是用來編排組件建立 Android App 使用介面，例如：按鈕、圖片、標籤和文字輸入盒等介面組件（這是一些使用者在畫面上可看見的可視組件），和一些提供功能看不見的非可視組件，例如：對話框、文字語音轉換器、簡訊收發器和位置感測器等組件，如下圖所示：

上述頁面標題列的左上方是專案名稱、位在中間的按鈕列可以切換、增加和刪除螢幕（即畫面），在右上方 2 個按鈕切換【畫面編排】和【程式設計】頁面，整個使用介面分成五大區域，其說明如下所示：

- 組件面板區（Palette）：組件面板區是用來選擇使用介面或功能的組件，在選擇後，拖拉至工作面板區，就可以新增所需的組件，在組件面板區是以分類來管理眾多組件，我們需要展開分類，才能拖拉使用位在之下的組件列表。
- 工作面板區（Viewer）：工作面板區是建立使用介面的工作區，提供模擬Android 螢幕畫面來幫助我們編排使用介面組件，如果是非可視的功能組件，這些組件是顯示在畫面的下方，如下圖所示：

- 組件列表區（Components）：組件列表區是使用階層結構顯示組件的父子關係，我們可以在此區選擇組件來更名或刪除。
- 組件屬性區（Properties）：在工作面板或組件列表區選擇組件，就可以在「組件屬性」區顯示此組件的相關屬性，讓我們直接勾選、選擇項目或輸入值來更改屬性值。
- 素材區（Media）：素材區是用來上傳 Android App 所需的檔案，包含文字、圖片、音效、HTML 網頁和影片等檔案，請按【上傳文件】鈕來上傳檔案。

▎程式設計頁面

App Inventor 的【程式設計】頁面是建立 Android App 行為的程式設計介面，提供預設內置塊和各組件的專屬積木，可以讓我們拼出行為的積木程式，如下圖所示：

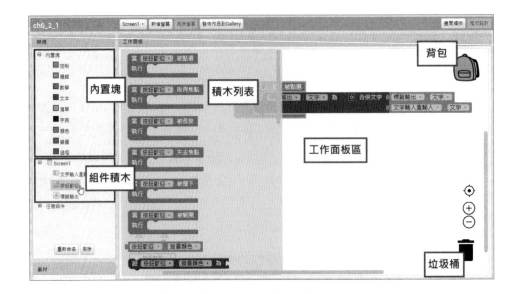

上述頁面的使用介面可以分成幾大區域，其說明如下所示：

- 內置塊（Bulit-in Blocks）：內置塊是建立積木程式的預設功能積木，積木分成幾大類，包含：控制（Control）、邏輯（Logic）、數學（Math）、文本（Text）、清單（Lists）、字典（Dictionaries）、顏色（Colors）、變數（Variables）和過程（Procedures，即程序）。

- 組件積木（Component Blocks）：在【畫面編排】頁面新增的組件就會自動在此區域以階層結構來顯示，這是以畫面來分類，例如：位在 Screen1 下一層，就是在此畫面所新增的組件列表。

- 積木列表：當選擇內置塊分類或組件項目，就會在中間顯示可用的積木列表，如果是組件，其顯示的積木順序是事件處理積木（土黃色）、方法積木（紫色）和屬性積木（綠色），在屬性積木的色彩有兩種，淡綠色是取得屬性值；深綠色是指定屬性值，如下圖所示：

- 工作面板區（Viewer）：工作面板區是積木程式的編輯工作區，我們可以在此區域組合建立積木程式。

- 垃圾桶：垃圾桶可以刪除不需要的積木，請將積木拖拉至垃圾桶之上，就可以看到打開垃圾桶和將積木刪除，如果需要同時刪除多個積木，就會顯示一個確認對話方塊來確認刪除。我們也可以選取積木後，直接按 Del 鍵來刪除積木。

- 背包：背包是用來分享積木程式，我們可以將工作面板區的積木程式拖拉至背包圖示，點選背包可以顯示背包中的積木程式列表，選取即可插入積木程式，換句話說，我們可以在不同 AI2 專案來分享位在背包的積木程式。

6-4 App Inventor 專案管理

App Inventor 是使用專案管理 Android App 開發，提供專案管理功能，來顯示專案列表，新增、刪除、另存、匯入和匯出專案。

▌ 顯示專案列表

請先執行「專案 > 新增專案」命令新增一個名為【ch6_4】的專案，然後執行「專案 > 我的專案」命令，可以顯示專案列表，在前方的核取方塊可以選取所需的專案，如下圖所示：

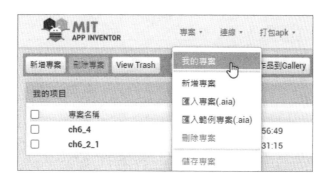

新增專案

新增專案是在 App Inventor 按左上方【新增專案】鈕，或執行「專案 > 新增專案」命令。

開啟專案

點選專案列表的專案名稱，就可以開啟指定專案，如下圖所示：

匯出專案

在 App Inventor 開啟 ch6_2_1 專案後，執行「專案 > 導出專案 (.aia)」命令，可以匯出目前開啟的專案且下載專案檔至 Windows 開發電腦，其副檔名是 .aia，如下圖所示：

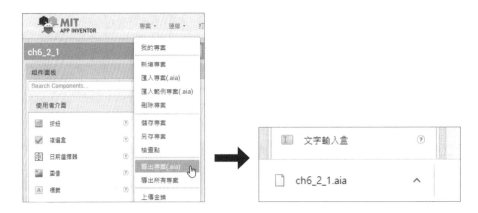

我們也可以在專案列表勾選欲匯出專案後，執行「專案 > 導出專案 (.aia)」命令，請注意！此方法一次只能匯出 1 個選擇專案；如果是執行「專案 > 導出所有專案」命令，可以匯出所有 AI2 專案的壓縮檔。

▌ 匯入專案

如果在 Windows 開發電腦擁有 AI2 專案或下載書附範例的 AI2 專案，我們可以將 .aia 檔匯入 App Inventor 專案管理，例如：匯入 ch6_3.aia 專案的步驟，如下所示：

Step 1 請在 App Inventor 執行「專案 > 匯入專案 (.aia)」命令。

Step 2 在「匯入專案 ...」對話方塊按【選擇檔案】鈕，在「開啟」對話方塊切換至範例專案的「\iot\ch06」，選【ch6_3.aia】後，按【開啟】鈕。

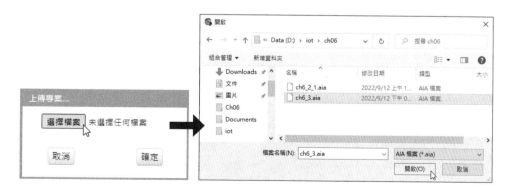

Step 3 可以在對話方塊看到選擇的檔案，按【確定】鈕匯入專案。

Step 4 App Inventor 馬上就會開啟 ch6_3 專案，看到使用介面設計。

另存專案

在 App Inventor 執行「專案 > 儲存專案」命令可以儲存目前開啟專案的變更（預設會自動儲存）。執行「專案 > 另存專案」命令，可以將目前開啟專案儲存成另一個新名稱的專案，如下圖所示：

請輸入新的專案名稱（需是英文名稱）後，按【確定】鈕，即可另存成一個全新的專案。

▌刪除專案

對於專案列表不再需要的 AI2 專案，我們可以刪除 AI2 專案，例如：刪除 ch6_4 專案，請勾選此專案後，按上方【刪除專案】鈕，可以看到一個確認對話方塊，按【確定】鈕刪除專案至垃圾桶。

在 App Inventor 刪除的專案會先放入垃圾桶列表，請按上方【View Trash】鈕，可以顯示垃圾桶的專案列表，請再次勾選專案，按上方【Delete From Trash】鈕，再按【確定】鈕才能真正的刪除專案，按【Restore】鈕可以回存刪除的專案。

學習評量

1. 請簡單說明本書使用 App Inventor 開發環境？ App Inventor 專案的副檔名是 _____。

2. 請修改 ch6_2_1 專案，刪除文字輸入盒組件後，改為按下按鈕，可以在標籤組件顯示本書的書名。

3. 請問 App Inventor 如何使用 Nox 模擬器來測試執行 Android App ？垃圾桶圖示是作什麼？背包圖示是什麼？

4. 請將第 2 題修改的 App Inventor 專案匯出下載到 Windows 電腦。

5. 請在 AI2 專案列表刪除 ch6_2_1 專案後，從書附範例匯入 ch6_2_1.aia 專案至專案列表。

6. 請新增名為 test 的 AI2 專案後，再另存成名為 test2 的 AI2 專案。

基本介面與介面配置組件

7-1 變數與常數值

App Inventor 積木程式常常需要記住一些資料，所以 App Inventor 提供一個地方，用來記得執行時的一些資料，這個地方就是「變數」（Variables），變數值可以是常數值或第 9 章的清單或字典，例如：運算結果、暫存資料、得分和尺寸等。

7-1-1 App Inventor 常數值

「常數值」（Constants）可以指定變數儲存的值，在說明如何新增變數前，我們需要先了解 App Inventor 支援的常數值，例如："第一個程式"、15.3 和 100 等，依序是使用「"」括起的字串、浮點數和整數常數值。App Inventor 常數值積木共有三種，如下所示：

■ 數值常數：數值常數積木位在「內置塊 / 數學」的第 1 個積木，當拖拉數值常數
積木後，點選欄位可以更改常數值，例如：從 0 改成 100，也可以改成浮點數
10.5，如下圖所示：

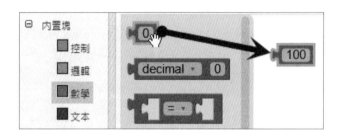

■ 字串常數：字串常數積木位在「內置塊 / 文本」的第 1 個積木，這是使用 2 個
「"」括起的字元序列，中文字或英文字元都可以，例如："我的 Android 程式"，
請注意！在輸入時不需加上前後的「"」，因為字串常數積木已經有提供，如下
圖所示：

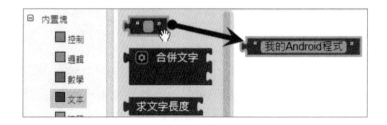

■ 邏輯常數：邏輯常數積木位在「內置塊 / 邏輯」的第 1 個和第 2 個積木，即真和
假的邏輯常數值，當拖拉邏輯常數積木後，我們還可以從下拉式清單更改邏輯
常數值是真或假，如下圖所示：

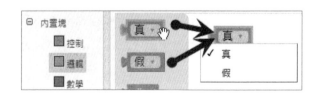

7-1-2　建立與使用變數

App Inventor 宣告變數就是新增 AI2 的【變量】積木,而且在新增變數的同時,可以指定變數初值是數值、字串或邏輯常數值。

▌ 建立變數

App Inventor 全域變數(Global Variables)是積木程式編輯器的所有積木都可以存取的變數,我們需要在事件處理積木之外來宣告變數,例如:宣告名為【計數】的全域變數(變數名稱可用中文或英文),並且指定初值是數值常數【0】,其步驟如下所示:

Step 1 請登入 App Inventor 新增【ch7_1】專案,按【程式設計】鈕切換至積木程式編輯器後,選「內置塊 / 變量」,拖拉【初始化全域變數 - 變數名 - 為】積木至工作面板。

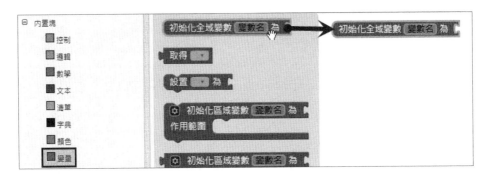

Step 2 直接更改變數名稱為【計數】後,拖拉「內置塊 / 數學」下的第 1 個數值常數積木,然後連接至最後,更改常數值成為【0】。

上述積木除了最後初值的插槽外,並沒有位在上方 / 下方的插槽,這是獨立積木,以此例是宣告全域變數【計數】和指定初值是 0。

存取變數值

當宣告變數和指定初值後，就可以在其他積木存取變數值，在「內置塊 / 變量」下的變數存取積木有 2 個：【取得】（get）是取得變數值；【設置 - 為】是指定變數值，我們可以在下拉式選單選擇變數名稱，如右圖所示：

現在，我們準備建立 Screen1 畫面初始化的事件處理，然後指定畫面標題是變數【計數】值（即使用積木程式來更改畫面標題），請繼續上面步驟，如下所示：

Step 3 請拖拉【Screen1】組件的【當 -Screen1. 初始化 - 執行】事件處理（此事件是在顯示畫面時觸發，可以初始畫面的狀態），然後再拖拉【設 -Screen 1. 標題 - 為】積木至大嘴巴中，如下圖所示：

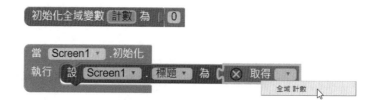

Step 4 拖拉【取得】積木連接至【設 -Screen 1. 標題 - 為】積木後，使用下拉式清單選擇存取的變數名稱，請選【全域 計數】。

說明

AI2 還有另一種方式來取得變數積木，請將游標移至變數宣告上，即可拖拉【取得】和【設置 - 為】積木來存取變數值，如下圖所示：

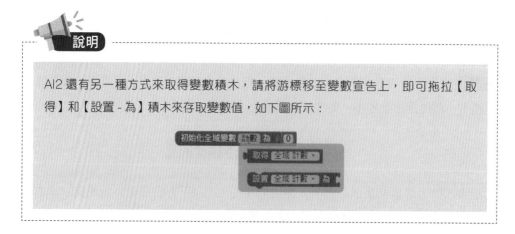

Step 5 測試執行 ch7_1 專案，可以看到標題文字是 0，這就是變數【計數】的值，如下圖所示：

7-2 按鈕與標籤組件 – 執行功能和輸出結果

「按鈕」（Button）組件是實際執行功能的介面組件，「標籤」（Label）組件是一種資料輸出介面，例如：按下按鈕組件後，在標籤組件顯示數學的運算結果，計數或連接的字串內容。標籤組件除了顯示執行結果外，也可以在第 7-3 節建立輸入資料的欄位說明文字。

基本上，按鈕組件最常用的是【被點選】事件。文字按鈕是指按鈕的標題是文字內容，圖片按鈕的功能和文字按鈕相同，只是顯示外觀是一張圖片，其相關屬性的說明，如下表所示：

屬性	說明
形狀	按鈕的外觀形狀，屬性值有預設、圓角（rounded）、方形（rectangular）和橢圓形（oval）
圖像	按鈕顯示的圖片，我們需要在「素材」區先上傳圖檔後，才可選取圖檔，按【確定】鈕來設定屬性值的圖片

AI2 專案：ch7_2.aia

在 Android App 建立簡單的計數器程式，按文字按鈕，可以將標籤顯示的計數值加 1，按圖片按鈕可以清成 0，其執行結果如下圖所示：

按【增加計數】鈕，可以將上方顯示的計數值加 1，按下方圖片按鈕可以重設為 0。

▎專案的畫面編排

我們準備直接另存 ch7_1 專案來建立 ch7_2.aia 專案的畫面編排，其步驟如下所示：

Step 1 請開啟 ch7_1 專案，執行「專案 > 另存專案」命令，在「專案 ch7_1 另存為」對話方塊的【新名稱】欄輸入專案名稱 ch7_2，按【確定】鈕另存成新專案。

Step 2 然後在「組件屬性」區找到【App 名稱】欄（這是應用程式名稱），請改為 ch7_2。

Step 3 然後在【畫面編排】頁面建立使用介面，依序新增 1 個標籤和 2 個按鈕組件，如下圖所示：

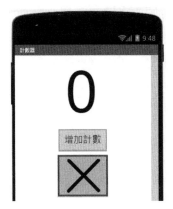

▌專案的素材檔

在按鈕組件的【圖片】屬性值顯示的圖片檔案，我們需要先在「素材」區上傳 button.png 圖檔，其步驟如下所示：

Step 1 在「素材」區按【上傳文件】鈕。

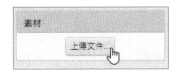

Step 2 在「上傳檔案 ...」對話方塊按【選擇檔案】鈕，請切換至圖檔目錄選擇檔案後，按【開啟】鈕，再按【確定】鈕上傳圖檔。

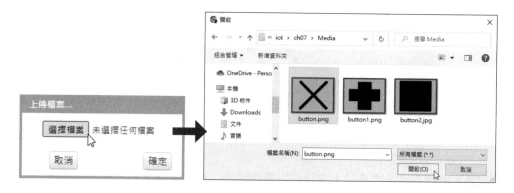

Step 3 可以在「素材」區看到上傳的圖檔，如下圖所示：

▊ 編輯組件屬性

在畫面新增組件後，請依據下表選取各組件後，在「組件屬性」區更改各組件的屬性值（N/A 是清除內容），如下表所示：

組件	屬性	屬性值
Screen1	標題	計數器
Screen1	水平對齊	居中：3
標籤 1	字體大小	150
標籤 1	文字	0
按鈕 1	字體大小	25
按鈕 1	文字	增加計數
按鈕 2	文字	N/A
按鈕 2	圖像	button.png

▍ 拼出積木程式

請切換至【程式設計】頁面，刪除【Screen1. 初始化】事件處理後，新增【按鈕1. 被點選】事件處理後，使用「內置塊 / 數學」下的第 4 個加法積木，建立計數加1 運算（關於算術運算式的進一步說明，請參閱第 7-5 節），最後在標籤組件顯示運算結果的變數值，如下圖所示：

接著新增【按鈕 2. 被點選】事件處理，將變數值歸 0，和在標籤組件顯示 "0"，如下圖所示：

7-3 文字輸入盒組件 – 輸入資料

文字輸入盒組件是程式的輸入介面，可以輸入單行或多行文字內容，其預設是單行文字內容，可以讓使用者以鍵盤輸入所需資料。例如：姓名、帳號和電話等。文字輸入盒組件的相關屬性說明，如下表所示：

屬性	說明
提示	沒有輸入文字內容時，在文字輸入盒顯示的提示文字，其功能如同是欄位說明
僅限數字	勾選表示只能在文字輸入盒輸入數字
允許多行	勾選是否是多行文字輸入盒，表示輸入的資料可以超過一行

AI2 專案：ch7_3.aia

在 Android App 建立身高和體重資料輸入表單的 BMI 計算機，內含 2 個文字輸入盒分別輸入身高和體重，按下按鈕，可以將輸入資料顯示在下方標籤組件，其執行結果如下圖所示：

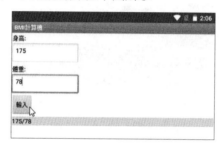

請輸入身高和體重值後，按下按鈕，可以在下方黃底標籤組件顯示使用者輸入的身高和體重值。

▌ 專案的畫面編排

在【畫面編排】頁面建立的使用介面，共新增 1 個按鈕、2 個文字輸入盒和 3 個標籤組件（標籤 1～2 是作為欄位說明），如下圖所示：

編輯組件屬性

在畫面新增組件後，請依據下表選取各組件後，在「組件屬性」區更改各組件的屬性值（N/A 表示清除內容），如下表所示：

組件	屬性	屬性值
Screen1	標題	BMI 計算機
標籤 1	文字	身高：
文字輸入盒 1	提示	請輸入身高…
文字輸入盒 1	僅限數字	勾選（true）
標籤 2	文字	體重：
文字輸入盒 2	提示	請輸入體重…
文字輸入盒 2	僅限數字	勾選（true）
按鈕 1	文字	輸入
標籤 3	背景顏色	黃色
標籤 3	文字	N/A
標籤 3	寬度 , 高度	填滿 , 20

App Inventor 組件的長度和寬度尺寸可以使用自動（依組件內容自動調整）、填滿（填滿上一層的所有空間）、像素（尺寸是多少像素）和比例（即佔用長或寬的百分比），如下圖所示：

拼出積木程式

請切換至【程式設計】頁面，首先新增 2 個全域變數【身高】和【體重】，並且指定初值是數值常數 0，如下圖所示：

然後新增【按鈕 1. 被點選】事件處理後，指定 2 個變數值是 2 個文字輸入盒的【文字】屬性值後，在【標籤 3】的【文字】屬性顯示輸入值，這是使用「內置塊 / 文本」下的【合併文字】積木連接 2 個變數值，和在中間加上「/」符號，如下圖所示：

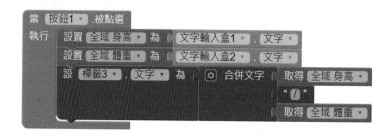

請注意！App Inventor 的【合併文字】積木預設連接 2 個字串，如果需要連接 3 個或以上的積木，請選【合併文字】積木左上角藍色小圖示，在浮動方框再拖拉一個【文字】至嘴巴中【文字】積木後，即可改成合併 3 個字串常數（移開【文字】積木是刪除文字），如下圖所示：

7-4 介面配置組件

Android App 畫面的使用介面是各種組件所組成，在畫面上如何放置這些介面組件，這是開發 Android App 的一件十分重要的工作，如同一間空蕩蕩的毛坯房，如何設計裝潢成一間漂亮的房屋，這就是介面配置組件的工作。

7-4-1 水平配置

水平配置組件是將位在之下的子組件排列成水平一列，請注意！如果子組件太多超過水平配置組件尺寸的寬度時，這些組件會看不到，在 Android 行動裝置執行時，這些組件也無法使用（此時請改用【水平捲動配置】組件來編排，即可水平捲動組件）。

水平配置和垂直配置組件都擁有的屬性說明，如下表所示：

屬性	說明
水平對齊	如果配置組件的寬度超過編排組件的寬度，可以指定水平對齊方式，屬性值是居左、居中或居右
垂直對齊	如果配置組件的高度超過編排組件的高度，可以指定垂直對齊方式，屬性值是居上、居中或居下
圖像	配置組件的背景圖片

請注意！上表【水平對齊】屬性當【寬度】屬性值是【自動】時並沒有作用；同樣的，【垂直對齊】屬性當【高度】屬性值是【自動】時，也一樣沒有作用。

AI2 專案：ch7_4_1..aia

我們準備修改 App Inventor 專案 ch7_3，使用水平配置組件來水平編排身高和體重欄位的標籤與文字輸入盒組件，其步驟如下所示：

Step 1 請開啟 ch7_3 專案，執行「專案 > 另存專案」命令，另存為專案 ch7_4_1 後，在「組件屬性」區找到【App 名稱】欄改為 ch7_4_1。

Step 2 在「組件面板」區展開「介面配置」分類，拖拉【水平配置】組件至畫面的第 1 個標籤之上。

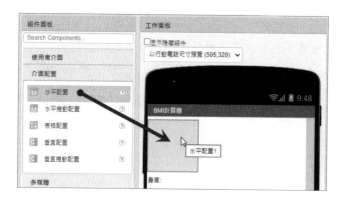

Step 3 選【水平配置 1】組件，在「組件屬性」區的【寬度】屬性值選【填滿】後按【確定】鈕。

Step 4 請依序拖拉畫面上的【標籤 1】和【文字輸入盒 1】組件至
【水平配置 1】組件之中。

Step 5 可以看到水平排列的 2 個組件,在「組件列表」區,可以看
到 2 個組件是位在水平配置組件的下一層,如下圖所示:

Step 6 請重複步驟 2~5,將體重的標籤和文字輸入盒也改成水平排
列,如下圖所示:

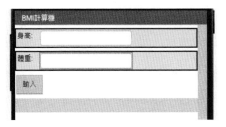

Step 7 請分別選 2 個水平配置組件，指定【垂直對齊】屬性值是
【居中】，可以看到欄位值垂直置中，完成 BMI 計算機的介面編排。

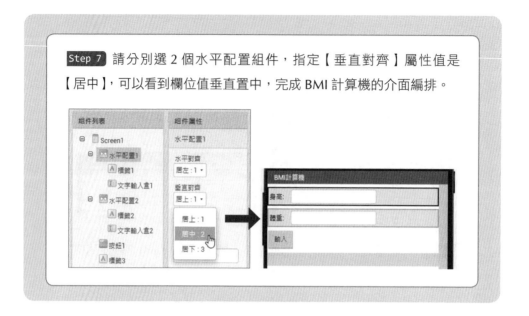

7-4-2 垂直配置

垂直配置組件是將子組件排列成垂直一列，這是 Screen1 螢幕預設的排列方式，我
們可以在配置組件中新增另一個配置組件來建立出複雜的介面配置，例如：在水平
配置中水平排列 2 個垂直配置組件。

AI2 專案：ch7_4_2.aia

我們準備修改 App Inventor 專案 ch7_2，在水平配置組件中編排 2 個
垂直配置組件，然後重新排列介面組件，其步驟如下所示：

Step 1 請開啟 ch7_2 專案，另存為專案 ch7_4_2 後，在「組件屬
性」區找到【App 名稱】欄，也改為 ch7_4_2。

Step 2 在「組件面板」區展開「介面配置」分類，先拖拉 1 個【水平配置】組件至畫面最上方後，將【寬度】屬性值改為【填滿】。

Step 3 然後拖拉 2 個【垂直配置】組件至【水平配置 1】組件之中，如下圖所示：

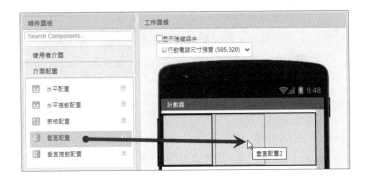

Step 4 在「組件屬性」區更改 2 個垂直配置 1~2 的【寬度】屬性值為比例 55 和 40（請注意！2 個值加起不可超過 100，因為在之間需有間距），如下圖所示：

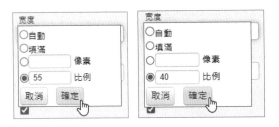

Step 5 請將畫面中的標籤 1 組件拖拉至垂直配置 1；2 個按鈕拖拉至垂直配置 2，如下圖所示：

 NOTE 現在的【垂直配置 1】和【垂直配置 2】下一層，分別有 1 個標籤和 2 個按鈕組件，如果拖拉時放錯了位置，請點選組件，即可重新拖拉編排位置，在「工作面板」區的畫面可以任意調整組件的位置。

Step 6 在「組件列表」區選【垂直配置 1】組件，更改【水平對齊】屬性值是【居中】，如下圖所示：

`Step 7` 可以看到標籤置中對齊，即可完成使用介面的編排，如下圖所示：

7-4-3 表格配置

表格配置組件是使用表格的欄與列來編排子組件，每一個子組件是新增至表格的儲存格，在表格配置組件的【列數】和【行數】屬性可以指定表格共有幾欄（列數）和幾列（行數），預設值都是 2。

AI2 專案：ch7_4_3.aia

我們準備修改 App Inventor 專案 ch7_3，改用表格配置組件來編排 2 個標籤和 2 個文字輸入盒組件，其步驟如下所示：

`Step 1` 請開啟 ch7_3 專案，另存為專案 ch7_4_3，然後在「組件屬性」區找到【App 名稱】欄，也改為 ch7_4_3。

`Step 2` 在「組件面板」區展開「介面配置」分類，拖拉 1 個【表格配置】組件至畫面最上方後，更改【寬度】屬性值為【填滿】，【列數】和【行數】屬性值都是 2。

Step 3 請拖拉畫面中的第 1 個標籤組件至第 1 列的第 1 個儲存格；
第 1 個文字輸入盒組件至第 1 列的第 2 個儲存格，如下圖所示：

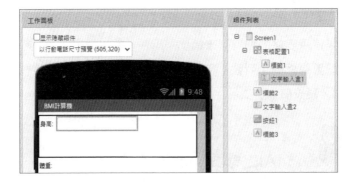

Step 4 然後拖拉畫面中的第 2 個標籤組件至第 2 列的第 1 個儲存
格；第 2 個文字輸入盒組件至第 2 列的第 2 個儲存格，即可完成介
面編排，如下圖所示：

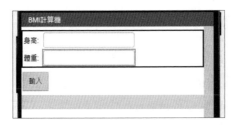

7-5 算術運算子

App Inventor 算術運算式（Arithmetic Expressions）就是數學的加減乘除和指數等運算子的相關積木，這是位在「內置塊 / 數學」的積木，運算元可以是變數、數值常數的積木或其他運算式，如下圖所示：

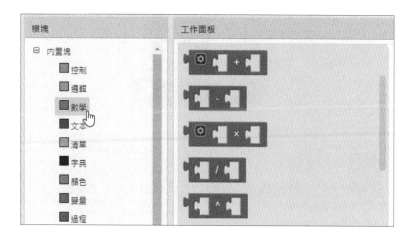

在 App Inventor 運算式的運算元除了變數和常數值外，也可以是另一個運算式，換句話說，同一運算式可以建立擁有多個運算子的複雜運算式積木，如下圖所示：

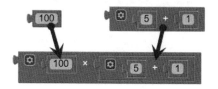

上述算術運算式積木位在上層的運算式擁有較高的優先順序，以此例是先運算 5＋1＝6，然後才計算 100*6。

另一種方式是使用加法和乘法積木左上角的藍色小圖示 ，點選圖示可以看到一個浮動框，請拖拉一個 number 至嘴巴中，可以建立 2 個加法和 3 個 number 的運算式，如下圖所示：

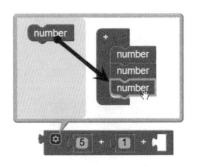

AI2 專案：ch7_5.aia

在 Android App 建立 BMI 計算機，使用 2 個文字輸入盒組件輸入身高和體重後，計算和顯示 BMI 身體質量指數的值，其執行結果如下圖所示：

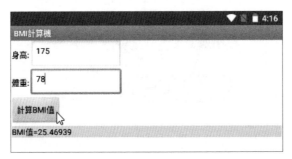

請輸入身高（公分）和體重（公斤）後，按【計算 BMI 值】鈕，可以在下方顯示計算結果的 BMI 值。

專案的畫面編排

請開啟 ch7_4_1 專案，另存為專案 ch7_5 後，在「組件屬性」區找到【App 名稱】欄，也改為 ch7_5。然後將【按鈕 1】組件的【文字】屬性改為【計算 BMI 值】。

拼出積木程式

請切換至【程式設計】頁面，宣告 3 個全域變數【BMI 值】、【身高】和【體重】後，重新編輯【按鈕計算 . 被點選】事件處理，如下圖所示：

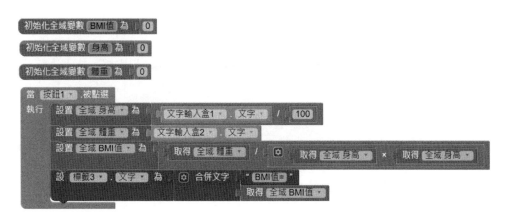

上述事件處理積木使用全域變數【身高】（除 100 成為公尺）和【體重】計算 BMI 值，公式是：「體重 /(身高 * 身高)」。

學習評量

1. 請舉例說明 App Inventor 常數值有哪幾種？

2. 請簡單說明什麼是變數？在 App Inventor 是如何建立變數？

3. 請修改 ch7_3.aia 專案，改成籃球四節成績的輸入程式，可以輸入四節得分，按下按鈕，在下方顯示輸入的四節分數。

4. 請建立 AI2 專案新增 200, 150 尺寸的大按鈕，其標題文字顯示數字 0，按下按鈕可以增加按鈕顯示的數字，如同建立一個計數器 App。

5. 請建立 AI2 專案建立註冊表單，可以輸入使用者姓名和電郵，按下【註冊】鈕，可以在標籤組件顯示使用者輸入的個人資料。

6. 請修改 ch7_5.aia 專案，改為指數運算 App，在輸入底數和指數後，按下【計算】鈕，可以在標籤組件顯示指數運算的結果。

選擇功能與對話框組件

8-1 比較與邏輯運算子

App Inventor 比較運算式（Comparison Expressions）是比較 2 個運算元等於、
不等於、小於、小於等於、大於和大於等於的運算式，其結果是真（true）或假
（false），可以作為條件和迴圈的判斷條件。比較運算子積木位在「內置塊 / 數學」
下的第 3 個積木，如下圖所示：

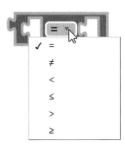

邏輯運算式（Logical Expressions）是用來連接 1 至 2 個比較運算式（作為運算元）來建立出更複雜的條件運算式，其積木是位在「內置塊 / 邏輯」下的積木，如下圖所示：

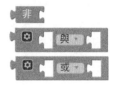

上述 3 個邏輯積木的說明，如下所示：

- ■「非」積木：NOT 運算回傳參數運算元的相反值，true 成 false；false 成 true。
- ■「與」積木：AND 運算是連接的 2 個運算元都為 true，運算式為 true。
- ■「或」積木：OR 運算是連接的 2 個運算元，只需任一個為 true，運算式為 true。

在「內置塊 / 邏輯」下還有一個【等於 / 不等於】積木，可以測試 2 個參數的數值或字串是否相等，或不相等，如下圖所示：

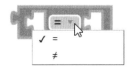

8-2 選擇功能組件與條件判斷

App Inventor 支援單選、二選一和多選一的條件判斷積木，我們可以配合選擇功能組件來進行單選和複選的條件判斷。

8-2-1 單選條件判斷與下拉式選單組件

下拉式選單（Spinner）是單選功能的選擇組件，可以搭配「內置塊 / 控制」下的【如果 - 則】單選條件積木來判斷使用者的選擇，在【如果】後的插槽就是第 8-1 節的條件運算式，當條件成立，就執行大嘴巴之中的積木程式，如下圖所示：

上述右圖的下拉式選單組件需點選向下箭頭，才會顯示對話框的選單來選擇選項。
下拉式選單組件的相關屬性說明，如下表所示：

屬性	說明
元素字串	下拉式選單項目的字串，每一個項目是使用「,」符號分隔的字串，例如：+, -, *, /
提示	選單對話框的標題文字
選中項	回傳目前選擇項目的字串，例如：+
選中項索引	回傳目前選擇項目的索引，索引值是從 1 開始，沒有選擇，其值為 0，例如：+ 就是回傳 1

【如果 - 則】積木可以使用【選中項】或【選中項索引】屬性值來判斷使用者選擇了
哪一個選項，或選擇了第幾個索引的選項（從 1 開始）。下拉式選單組件常用的事
件說明，如下表所示：

事件	說明
選擇完成	當使用者選擇項目後，就觸發此事件，在事件處理方法的【選擇項】參數可以取得使用者的選擇

AI2 專案：ch8_2_1.aia

請修改第 7-5 節的 BMI 計算機成為四則計算機，使用下拉式選單組件來選擇加、減、乘和除運算子，按下按鈕，可以執行四則計算和顯示計算結果，其執行結果如下圖所示：

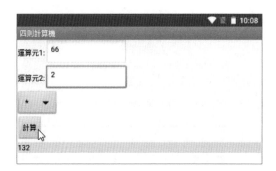

當輸入 2 個運算元後，在下拉式選單組件選擇【+】、【-】、【*】或【/】運算子後，按下方【計算】鈕，就可以顯示計算結果。

▌專案的畫面編排

當另存 ch7_5 專案成 ch8_2_1 專案後，請切換至【畫面編排】頁面來修改使用介面，請更改標題、欄位說明和文字輸入盒的提示文字後，在按鈕上方新增 1 個下拉式選單，如右圖所示：

編輯組件屬性

在畫面新增組件後，請依據下表選取各組件後，在「組件屬性」區更改各組件的屬性值，如下表所示：

組件	屬性	屬性值
Screen1	標題	四則計算機
標籤 1~2	文字	運算元 1~2
文字輸入盒 1~2	提示	請輸入第 1~2 個運算元…
下拉式選單 1	元素字串	+, -, *, /
下拉式選單 1	提示	請選擇運算子
按鈕 5	文字	計算

拼出積木程式

請切換至【程式設計】頁面，修改變數名稱成【運算元 1】和【運算元 2】，然後修改【按鈕 1. 被點選】事件處理，如下圖所示：

上述事件處理的 4 個【如果 - 則】條件判斷積木是【下拉式選單 1. 選中項】屬性，依據屬性的項目名稱來執行四則運算的加、減、乘和除法運算。

AI2 專案 ch8-2-1a.aia 改用【選中項索引】屬性；ch8-2-1b.aia 是用【選擇完成】事件處理來執行四則運算。

8-2-2 二選一條件判斷與複選盒組件

複選盒（CheckBox）是一個開關，可以讓使用者選擇是否開啟功能或設定某些參數。如果在畫面同時擁有多個複選盒，每一個組件都是一個獨立選項，換句話說，就是允許複選，如右圖所示：

上述複選盒有 2 個狀態，複選盒是打勾【核取】和沒有打勾【未核取】狀態。複選盒的相關屬性說明，如下表所示：

屬性	說明
選中	複選盒組件是否已經核取，預設是 false 是沒有核取；true 核取
啟用	組件是否有作用，預設 true 即勾選，表示有作用，反之，false 是沒有作用
文字	組件的標題文字

在積木程式是使用【如果 - 則 - 否則】二選一條件積木，搭配上表【選中】屬性來判斷使用者是否有勾選，如右圖所示：

上述【如果 - 則 - 否則】積木當勾選，【選中】屬性值是 true，就執行【則】之後的積木程式；否則執行【否則】之後的積木程式。複選盒組件的常用事件說明，如下表所示：

事件	說明
狀態被改變	當使用者更改選擇後，就觸發此事件

AI2 專案：ch8_2_2.aia

請修改第 8-2-1 節的四則計算機，使用複選盒判斷是否是整數除法，可以在四則計算機新增整數除法功能，其執行結果如下圖所示：

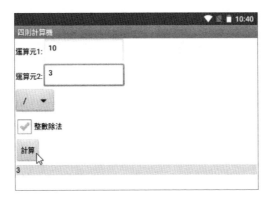

在輸入 2 個運算元後，選除法後，勾選【整數除法】，可以顯示整數除法的計算結果，所以計算結果並沒有小數點。

專案的畫面編排

當另存 ch8_2_1 專案成 ch8_2_2 專案後，請切換至【畫面編排】頁面來修改使用介面，新增 1 個複選盒，如下圖所示：

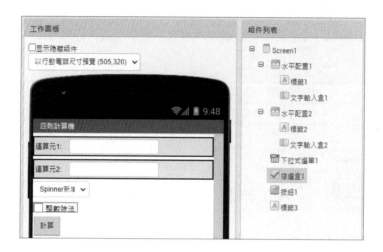

編輯組件屬性

在畫面新增組件後，請依據下表選取各組件後，在「組件屬性」區更改各組件的屬性值，如下表所示：

組件	屬性	屬性值
複選盒 1	選中	不勾選（false）
複選盒 1	啟用	勾選（true）
複選盒 1	文字	整數除法

拼出積木程式

請切換至【程式設計】頁面，修改【按鈕 1. 被點選】事件處理的最後 1 個單選條件判斷，改為 2 層的巢狀條件，在【如果 - 則】積木中，擁有另一個【如果 - 則 - 否則】積木的二選一條件，如右圖所示：

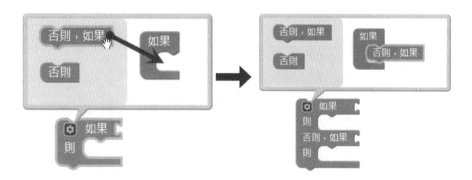

上述巢狀條件首先判斷是否是除法，如果是，就在內層【如果 - 則 - 否則】積木判斷是否有勾選【複選盒 1】組件，如果有，就表示是整數除法，運算結果是使用【無條件捨去後取整數】積木取出整數部分。

AI2 專案 ch8-2-2a.aia 改用【狀態被改變】事件處理來執行整數除法運算。

8-2-3 多選一條件判斷

如果條件判斷的情況不是 1 個、2 個，而是很多個時，我們可以增加【否則，如果】積木來建立多選一條件判斷。App Inventor 在「內置塊 / 控制」下的【如果 - 則】積木，可以改成多選一的【如果 - 則 - 否則，如果 - 則】積木，如下圖所示：

請點選積木左上角藍色小圖示，在浮動框拖拉【否則，如果】積木至大嘴巴中，可以看到【如果 - 則】成為【如果 - 則 - 否則，如果 - 則】，現在，有 2 個【如果】；2 個判斷條件，同樣方式，可以依需求新增更多個判斷條件，請再拖拉【否則】至【否則，如果】之下，如下圖所示：

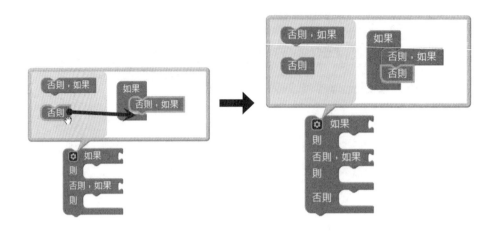

上述多選一條件共有 2 個判斷和 3 個可能，如果第 1 個條件成立，就執行第 1 個
【則】之後的積木程式；條件不成立為 false，就執行【否則，如果】的第 2 個條件
判斷，成立，就執行第 2 個【則】之後的積木程式；否則，執行【否則】之後的積
木程式。

AI 專案：ch8_2_3.aia 修改第 8-2-1 節專案，將原來 4 個單選條件積木改成一個多選
一條件判斷積木來執行四則運算，如下圖所示：

8-3 對話框組件與迴圈結構

程式語言的重複結構就是迴圈控制，可以重複執行程式區塊，特別適用在哪些需要重複執行的工作，AI2 支援多種迴圈結構的控制積木。

AI2 對話框是「對話框」（Notifier）組件，這是一種非可視組件，提供多種方法來建立多種對話框，包含：訊息框、確認對話框、資料輸入對話框和警告訊息框等。

8-3-1 固定次數迴圈－大樂透開獎

計數迴圈是一種執行固定次數的迴圈，如果已經知道會重複執行多少次，就是使用計數迴圈。

▍App Inventor 固定次數迴圈

App Inventor 是使用「內置塊 / 控制」下的【對每個 - 範圍】積木來建立計數迴圈，如下圖所示：

上述迴圈可以重複執行【執行】後大嘴巴的積木程式，在【對每個】後的變數【數字】是計數器，用來控制迴圈執行，其初值是【從】插槽的 1，每次累加【每次增加】插槽的值 1 後，直到【到】插槽的值 5 為止，可以依序從 1、2、3、4 到 5 共執行 5 次迴圈。

訊息框

對話框組件的【顯示訊息對話框】方法可以顯示一個指定訊息內容的訊息框,擁有 1 個按鈕來關閉對話框,如下圖所示:

上述【訊息】插槽是顯示的訊息文字;【標題】是對話框上方顯示的標題文字;【按鈕文字】是按鈕的標題文字。

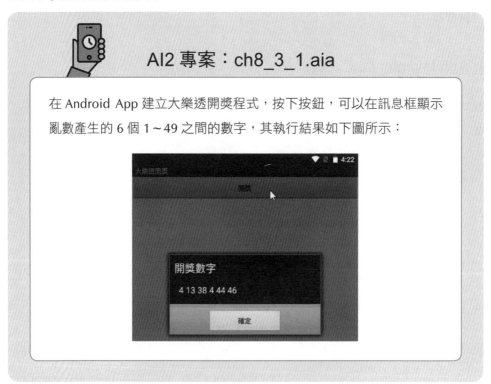

AI2 專案:ch8_3_1.aia

在 Android App 建立大樂透開獎程式,按下按鈕,可以在訊息框顯示亂數產生的 6 個 1~49 之間的數字,其執行結果如下圖所示:

專案的畫面編排

在【畫面編排】頁面建立使用介面，共新增 1 個按鈕，和 1 個非可視的對話框組件（位在畫面下方），如下圖所示：

編輯組件屬性

在畫面新增組件後，請依據下表選取各組件後，在「組件屬性」區更改各組件的屬性值，如下表所示：

組件	屬性	屬性值
Screen1	標題	大樂透開獎
按鈕 1	寬度	填滿
按鈕 1	文字	開獎

▎ 拼出積木程式

請切換至【程式設計】頁面，宣告全域變數【開獎數字】後，新增【按鈕 1. 被點選】事件處理，可以使用【對每個 - 範圍】積木從 1 執行到 6，每次增加 1，【數字】變數值依序為 1、2、3、4、5 和 6，共執行 6 次迴圈，如下圖所示：

上述迴圈在每次迴圈是使用「內置塊 / 數學」下的【從 - 到 - 之間的隨機整數】積木，可以取得 1～49 之間隨機的一個數字，然後新增至變數【開獎數字】之後，在【合併文字】的第 2 個是一個空白字元，以便分隔每一個數字，最後使用訊息框顯示 6 個開獎數字。

8-3-2 條件迴圈 – 存錢買 iPhone

在第 8-2-2 節的迴圈是已經知道需要執行幾次的計數迴圈，但有些情況的迴圈需要條件來判斷是否繼續執行迴圈，迴圈執行幾次需視條件而定，並無法很明確的知道會執行幾次，稱為條件迴圈。

App Inventor 條件迴圈

App Inventor 在「內置塊 / 控制」下的【當滿足條件】積木是條件迴圈，只需符合條件，就持續執行迴圈大嘴巴的積木程式，所以其執行次數並非是固定次數，而是需視條件而定，如下圖所示：

上述【滿足條件】之後的插槽是進入迴圈的條件，條件成立就進入迴圈，可以重複執行【執行】之後位在大嘴巴的積木程式。

資料輸入對話框

對話框組件的【顯示文字對話框】方法是一個資料輸入對話框，在對話框擁有文字輸入盒組件，可以輸入文字內容，如下圖所示：

上述積木的【訊息】插槽是顯示的提示文字；【標題】是對話框上方顯示的標題文字；【允許取消】如為真，就會增加一個【取消】鈕。

AI2 專案：ch8_3_2.aia

小明準備購買定價 28650 元的 iPhone 手機，計劃每一個月存下一筆錢，請建立 Android App 幫忙小明計算存錢金額，當按下按鈕，使用對話框輸入每月存款金額 2125 元後，可以在標籤組件顯示共需幾月才能存到購買 iPhone 的金額，和共存了多少錢，其執行結果如下圖所示：

專案的畫面編排

在【畫面編排】頁面建立使用介面,共新增 1 個按鈕、1 個標籤,和 1 個非可視的對話框組件(位在畫面下方),如下圖所示:

編輯組件屬性

在畫面新增組件後,請依據下表選取各組件後,在「組件屬性」區更改各組件的屬性值(N/A 是清除內容),如下表所示:

組件	屬性	屬性值
Screen1	標題	存錢購買 iPhone
按鈕 1	寬度	填滿
按鈕 1	文字	輸入月存金額計算存多久
標籤 1	高度 , 寬度	100 像素 , 填滿
標籤 1	文字	N/A
標籤 1	背景顏色	黃色

▋ 拼出積木程式

請切換至【程式設計】頁面，新增 4 個全域變數和【按鈕 1. 被點選】事件處理，可以呼叫【顯示文字對話框】方法顯示資料輸入對話框來輸入每月存入的金額，如下圖所示：

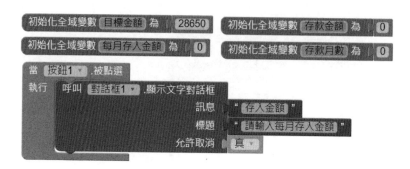

當在資料輸入對話框輸入金額後，按【OK】鈕，我們需要新增【對話框 1. 輸入完成】事件處理，可以使用【回應】參數取得使用者輸入的資料（請將游標移至事件處理的【回應】，即可顯示存取此參數值的 2 個積木，此參數就是變數），如下圖所示：

上述【當滿足條件】迴圈積木的條件是全域變數【存款金額】小於等於【目標金額】，即檢查是否達成【目標金額】，如果沒有達成，符合條件，就繼續執行迴圈的積木程式，【回應】參數是每月可存下的金額，可以累加每月存款金額和將存款月數加 1。

最後在標籤組件顯示最後的存款月數和金額，因為一共有二行文字內容，所以使用「\n」新行字元來換行。

8-4　滑桿組件與程序

「程序」（Subroutines 或 Procedures）是特定功能的獨立程式單元，如果有回傳值，稱為「函式」或「函數」（Functions）。

▎App Inventor 程序積木

App Inventor 程序積木位在「內置塊 / 過程」下，提供 2 個積木來新增程序，點選左上角藍色圖示，可以新增程序的參數，如下圖所示：

上述左邊圖例的【定義程序 - 執行】積木是建立程序，只是單純執行大嘴巴中的積木程式；右邊【定義程序 - 回傳】積木因為有【回傳】插槽，建立的程序可以回傳執行結果，稱為函式。例如：計算 BMI 值的函式，如下圖所示：

上述【BMI】程序有 2 個參數（請點選左上角藍色小圖示 ⚙ 來新增參數），可以回傳運算式的計算結果，如果有多行程式積木，請使用「內置塊 / 控制」下的【執行 - 回傳結果】積木的大嘴巴來建立積木程式。

然後建立輸出訊息的【顯示】程序，擁有 1 個【BMI 值】參數，如下圖所示：

使用滑桿組件更改變數值

對於數值資料，App Inventor 可以改用「滑桿」（Slider）組件來輸入值。滑桿組件是使用拖拉方式來更改值，如下圖所示：

上述圖例使用拇指拖拉中間的方形指針，就會觸發事件來更改變數值。滑桿組件的相關屬性說明，如下表所示：

屬性	說明
左側顏色	位在拉捍左邊的色彩，預設值是橙色
右側顏色	位在拉捍右邊的色彩，預設值是灰色
最大值	滑桿的最大值，預設值 50.0
最小值	滑桿的最小值，預設值 10.0
指針位置	滑桿中指針所在的位置值，預設值 30.0

滑桿組件的常用事件說明，如下表所示：

事件	說明
位置變化	當拖拉調整指針位置時觸發，事件處理方法的參數【指針位置】就是目前的位置值，可以使用此事件處理來取得更新的位置值

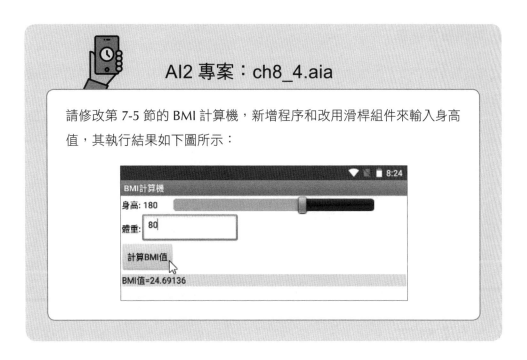

專案的畫面編排

請 將 ch7_5.aia 專 案 另 存 成 專 案 名 稱 ch8_4，然 後 在「組 件 屬 性」區 找 到
【AppName】欄，將應用程式名稱改為 ch8_4。接著刪除【文字輸入盒 1】，改為一
個【標籤 4】和一個【滑桿 1】組件，如下圖所示：

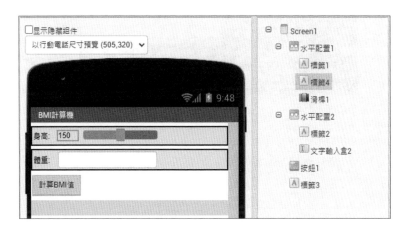

▍ 編輯組件屬性

在畫面新增組件後，請依據下表選取各組件後，在「組件屬性」區更改各組件的屬性值，如下表所示：

組件	屬性	屬性值
標籤 4	寬度	10%
標籤 4	文字	150
滑桿 1	左側顏色	紅色
滑桿 1	寬度	75%
滑桿 1	最大值	250
滑桿 1	最小值	50
滑桿 1	滑桿位置	150

▍ 拼出積木程式

請切換至【程式設計】頁面，新增【滑桿 1. 位置被改變】事件處理，可以更改變數【身高】成為參數【滑桿位置】值，其作法上是將游標移至上方參數上，即可拖拉【求 - 滑桿位置】積木來存取參數【滑桿位置】的值，然後在【標籤 4】顯示輸入值，如下圖所示：

接著新增【BMI】函式和【顯示】程序，如下圖所示：

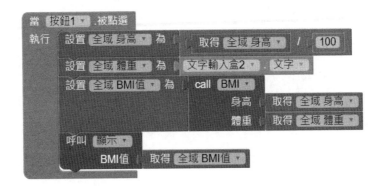

最後修改【按鈕 1. 被點選】事件處理，改為呼叫函式和程序積本，呼叫的積木是位在「內置塊 / 過程」下，如下圖所示：

上述事件處理先將【身高】變數除以 100 轉換成公尺後，呼叫【BMI】函式來計算 BMI 值，可以回傳 BMI 值，最後呼叫【顯示】程序顯示計算結果的 BMI 值。

學習評量

1. 請問 App Inventor 比較和邏輯運算子是什麼？固定次數迴圈和條件迴圈有什麼不同？

2. App Inventor 單選的選擇組件是 ＿＿＿＿＿＿；複選的選擇組件是 ＿＿＿＿＿＿。我們可以使用 ＿＿＿＿ 組件建立資料輸入對話框，＿＿＿＿＿ 組件可以拖拉來輸入數值資料。

3. 目前商店正在周年慶折扣，消費者消費 1000 元，就有 8 折的折扣，請建立 App Inventor 專案，使用文字輸入盒輸入消費金額，按下按鈕，可以在標籤組件顯示付款金額。

4. 請建立 App Inventor 專案來計算網路購物的運費，基本物流處理費 199，1~5 公斤，每公斤 50 元，超過 5 公斤，每一公斤為 30 元，在文字輸入盒輸入購物重量後，按下按鈕，可以計算和在標籤組件顯示購物所需的運費 + 物流處理費。

5. 請建立 App Inventor 專案使用多選一條件敘述來檢查動物園的門票，120 公分下免費，120~150 半價，150 以上為全票。

6. 請建立 App Inventor 專案輸入繩索長度，例如：100 後，使用迴圈計算繩索需要對折幾次才會小於 20 公分？

CHAPTER

09

清單與字典

9-1 清單與陣列

「陣列」（Arrays）是程式語言一種循序性的資料結構，在日常生活中最常見的範例是一排信箱，基本上，陣列就是將相同資料型態的變數集合起來，使用一個名稱代表，然後使用索引值來存取元素，每一個元素就是一個變數，當程式需要使用多個相同資料型態的變數時，我們可以宣告陣列，而不用宣告一大堆變數，如下圖所示：

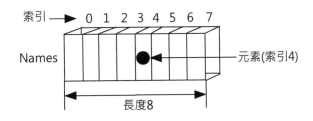

上述 Names 陣列是一種固定長度的結構，陣列大小在編譯階段就已經決定，每一個「陣列元素」（Array Elements）是使用「索引」（Index）存取，索引值是從 0 開始到陣列長度減 1，即 0～7。

App Inventor「清單」（List）類似程式語言的陣列，一樣可以儲存循序資料，每一個清單項目是一個元素（Elements），元素是一個接著一個依序的儲存，我們可以使用位置，即索引值（請注意！索引是從 1 開始）來取出指定元素。在實務上，當需要儲存大量資料時，例如：6 個英文單字，使用變數需要建立 6 個變數；清單就只需一個，可以儲存 6 個英文單字，每一個單字是清單的一個元素的項目。

清單和陣列的差異在於清單是一種物件導向程式語言的「集合物件」（Collections），集合物件可以處理不定元素數的資料，讓程式設計者不用考慮記憶體配置問題，只需使用相關方法，就可以新增、刪除和插入集合物件中的元素。

9-2 建立清單

在 App Inventor 建立清單需要先宣告變數，只是其變數值是清單，當宣告清單後，可以使用「內置塊 / 清單」下的相關積木來管理清單，即新增、插入、刪除項目和走訪清單。

建立清單

在 App Inventor 建立清單是從新增變數開始，例如：新增大樂透開獎的【開獎數字】清單，這是擁有 6 個項目的清單，其步驟如下所示：

Step 1 請登入 App Inventor 另存 ch8_3_1.aia 專案成為【ch9_2】專案，並且將應用程式名稱改為 ch9_2，然後按【程式設計】鈕切換至積木程式編輯器。

Step 2 首先將【開獎數字】變數初始成空清單，請拖拉「內置塊／清單」下的第 1 個【建立空清單】積木，連接至最後，如下圖所示：

初始化全域變數 開獎數字 為 ⚙ 建立空清單

Step 3 然後清除【按鈕 1. 被點選】事件處理的積木程式後，在事件處理新增「內置塊／變量」下的【設置 - 為】積木，選【開獎數字】，然後拖拉「內置塊／清單」下的第 2 個【建立清單】積木，連接至最後，預設擁有 2 個插槽，可以新增 2 個項目的清單元素。

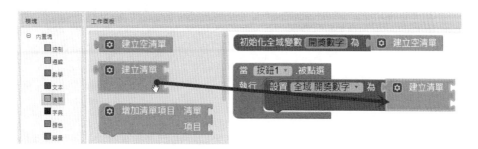

Step 4 因為清單共有 6 個項目，請選積木左上角藍色小圖示 ⚙，在浮動方框拖拉【清單項目】積木至【清單】大嘴巴中的項目清單後，即可新增一個項目，請重複拖拉來建立 6 個項目的清單。

Step 5 最後新增清單的每一個項目值，請拖拉「內置塊 / 數學」下【從 - 到 - 之間 的隨機整數】積木，連接至【建立清單】積木後的插槽，可以取得 1～49 之間隨機 的一個數字，請重複拖拉 6 次，如下圖所示：

使用迴圈走訪清單項目

在 App Inventor 清單擁有一序列項目，我們可以使用第 8 章的【對每個 - 範圍】或 【當滿足條件】迴圈積木，使用索引位置來走訪清單項目（索引值從 1 開始），另一 種更簡單方式是使用「內置塊 / 流程」下的【對於任意 - 清單】積木來走訪清單的 每一個項目，如下圖所示：

上述積木後方的插槽連接清單變數，迴圈每執行一次，就會依序取出清單的一個項 目指定給變數【清單項目】，直到清單的最後 1 個項目為止。

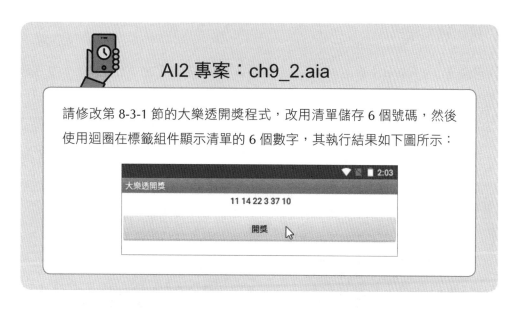

▌ 專案的畫面編排

請將【ch8_3_1】專案另存成專案名稱 ch9_2，然後在「組件屬性」將【App 名稱】屬性也改成 ch9_2。然後刪除對話框組件後，在按鈕上方新增 2 個標籤組件，第 1 個是置中編排的【標籤輸出】，下方的【標籤 2】是用來增加其上方標籤和下方按鈕組件之間的間距，其高度是 10 像素；寬度填滿，並且刪除文字內容，如下圖所示：

拼出積木程式

請切換至【程式設計】頁面，初始化全域變數【開獎數字】是一個空清單，如下圖所示：

然後修改【按鈕 1. 被點選】事件處理，使用亂數產生 6 個數字的清單項目後，使用【對於任意 - 清單】迴圈積木顯示清單的 6 個項目，如下圖所示：

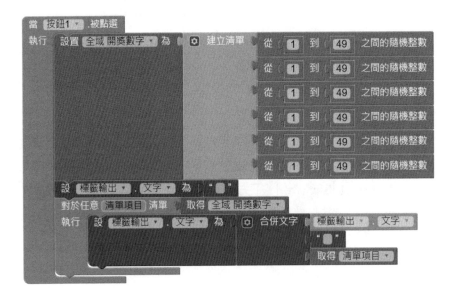

9-3 清單積木

App Inventor 清單積木位在「內置塊 / 清單」分類，這是關於清單搜尋、新增、取代和刪除項目等操作的相關積木，其說明如右表所示：

積木	說明
增加清單項目 清單 item	在第 1 個插槽的清單新增 item 插槽的項目,可以將項目新增至清單的最後
在清單 的第 索引值位置插入項目	在第 1 個插槽的清單,使用第 2 個插槽的索引位置(從 1 開始)來插入最後 1 個插槽的項目
將清單 中索引值為 的清單項目取代為	在第 1 個插槽的清單,使用第 2 個插槽的索引位置(從 1 開始)來取代成最後 1 個插槽的項目
刪除清單 中的第 個項目	在第 1 個插槽的清單,刪除第 2 個插槽索引位置(從 1 開始)的項目
選擇清單 中索引值為 的清單項目	在第 1 個插槽的清單,選擇取出第 2 個插槽索引位置(從 1 開始)的項目
求對象 在清單 中的索引值	在第 2 個插槽的清單,搜尋第 1 個插槽項目的索引位置,如果沒有找到回傳 0
檢查清單 中是否包含指定對象	在第 1 個插槽的清單,搜尋是否有第 2 個插槽的項目
求清單的長度 清單 清單是否為空? 清單	分別取得清單尺寸的項目數,和檢查清單是否是空的

AI2 專案:ch9_3.aia

請修改第 7-5 節的 BMI 計算機的使用介面,改成簡單的會員管理 App,我們是使用 2 個清單來儲存會員名稱和會員密碼,當成功登入，就在下方標籤組件顯示登入的會員名稱和密碼，按【註冊】鈕，若會員不存在，就新增至會員清單，其執行結果如下圖所示：

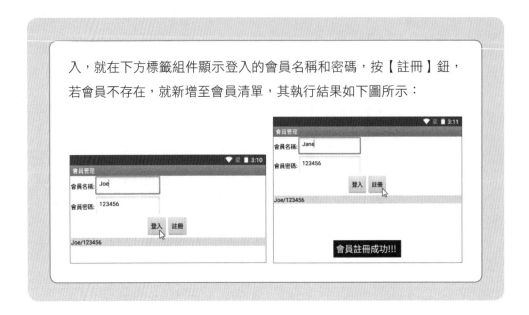

專案的畫面編排

請將【ch7_5】專案另存成專案名稱 ch9_3，並且將應用程式名稱改為 ch9_3，標題改為【會員管理】。請新增非可視的對話框組件後，新增【水平配置 3】來水平編排 2 個按鈕組件，並且更改相關屬性，2 個文字輸入盒都取消勾選【僅限數字】，如下圖所示：

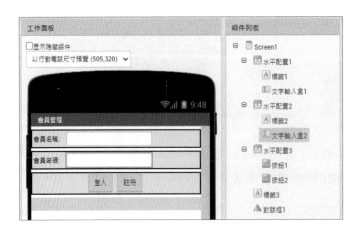

拼出積木程式

請切換至【程式設計】頁面，修改 3 個全域變數，並且初始 2 個清單變數的項目，各有 2 個，如下圖所示：

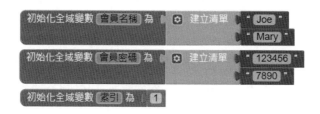

然後修改【按鈕 1. 被點選】會員登入的事件處理，使用 2 層巢狀【如果 - 則 - 否則】二選一條件積木來判斷會員是否成功登入，在外層條件使用【檢查清單 - 中是否包含指定對象】積木檢查是否有此會員名稱，如果有，就使用【求對象 - 在清單 - 中的索引值】積木取出此會員名稱的索引，如下圖所示：

上述內層條件是用來比較輸入密碼和清單儲存的密碼是否相同，這是使用【選擇清單 - 中索引值為 - 的清單項目】積木取出指定索引的密碼，如果密碼正確，就在標籤組件顯示會員名稱和密碼。

如果發生登入錯誤，相關訊息是呼叫對話框組件的【顯示警告訊息】方法來建立 Android 作業系統特有的警告訊息框，此訊息會快閃一段時間後就自動消失。

然後新增【按鈕 2. 被點選】會員註冊的事件處理，首先使用【求對象 - 在清單 - 中的索引值】積木取出此會員名稱的索引，如果索引是 0，就表示會員不存在，如下圖所示：

上述【如果 - 則 - 否則】條件積木判斷索引值是否是 0，如果是，表示是一位新會員，所以使用 2 個【增加清單項目 - 清單 -item】積木分別新增會員名稱和會員密碼至 2 個清單。

9-4　清單組件

App Inventor 搭配清單變數的常用組件有：下拉式選單和清單選擇器組件，其項目來源可以是字串（使用「,」符號分隔），或清單變數。

9-4-1　清單變數與下拉式選單組件

在第 8-2-1 節的 AI2 專案，【下拉式選單】組件是在【元素字串】屬性指定運算子項目元素的字串，如下圖所示：

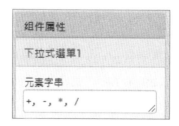

上述屬性值是一個使用「,」符號分隔的【+, -, *, /】字串。在【下拉式選單】組件的項目元素可以使用清單變數，我們可以將前述運算子字串建立成清單變數【運算子清單】，如下圖所示：

上述清單的 4 個項目是加、減、乘和除四個運算子，然後使用【下拉式選單】組件的【元素】屬性來指定來源是清單變數，就可以改用清單變數來建立下拉式選單元素的項目。

AI2 專案：ch9_4_1.aia

請修改第 8-2-1 節的四則計算機，將下拉式選單組件改用清單變數來指定加、減、乘和除四個運算子的項目元素，其執行結果和第 8-2-1 節的 AI2 專案完全相同。

█ 專案的畫面編排

請將【ch8_2_1】專案另存成專案名稱 ch9_4_1，然後在「組件屬性」區找到【App 名稱】，將應用程式名稱改為 ch9_4_1。

█ 編輯組件屬性

請在「組件屬性」區清除【下拉式選單 1】組件的【元素字串】屬性值。

█ 拼出積木程式

請切換至【程式設計】頁面，新增清單變數【運算子清單】和修改【Screen1. 初始化】事件處理，如下圖所示：

上述【Screen1. 初始化】事件處理指定下拉式選單組件的【元素】屬性值,其值就是項目元素,即清單變數【運算子清單】的值。

9-4-2 清單選擇器組件

「清單選擇器」(ListPicker)組件的顯示方式共有 2 個階段,在第 1 個階段是一個按鈕,按下按鈕,才會顯示第 2 個階段全畫面的【清單選擇器】組件,如下圖所示:

清單選擇器組件的相關屬性說明,如下表所示:

屬性	說明
元素字串	清單選擇器項目的字串,每一個項目是使用「,」符號分隔
選中項	回傳目前選取項目的字串
選中項索引	回傳目前選取項目的索引,索引值是從 1 開始,沒有選擇,其值為 0
文字	清單選擇器組件按鈕的標題文字

清單選擇器組件也是使用【選中項】或【選中項索引】屬性來判斷使用者選取了哪一個選項,或第幾個選項。清單選擇器組件的常用事件說明,如下表所示:

事件	說明
準備選擇	在使用者選取項目前,就觸發此事件
選擇完成	當使用者選取項目後,就觸發此事件

AI2 專案：ch9_4_2.aia

請修改第 9-4-1 節的四則計算機，將下拉式選單組件改用清單選擇器組件來選擇加、減、乘和除的四個運算子，其執行結果如下圖所示：

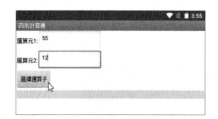 

當輸入 2 個運算元後，按【選擇運算子】鈕，可以看到清單選擇器組件的選項，在選取後，即可以在下方標籤顯示計算結果。

專案的畫面編排

請將【ch9_4_1】專案另存成專案名稱 ch9_4_2，應用程式名稱也改為 ch9_4_2。然後刪除下拉式選單和按鈕 2 個組件後，在下方黃色標籤組件的上方新增【清單選擇器】組件，如下圖所示：

▌編輯組件屬性

請在「組件屬性」區找到【清單選擇器 1】組件的【文字】屬性，輸入屬性值【選擇運算子】。

▌拼出積木程式

請切換至【程式設計】頁面，刪除【Screen1. 初始化】事件處理後，新增【清單選擇器 . 準備選擇】事件處理，指定【清單選擇器 1. 元素】屬性值是清單變數【運算子清單】，如下圖所示：

當 清單選擇器1 . 準備選擇
執行　設 清單選擇器1 . 元素 為　取得 全域 運算子清單

然後新增【清單選擇器 1. 選擇完成】事件處理，如下圖所示：

當 清單選擇器1 . 選擇完成
執行　設置 全域 運算元1 為　文字輸入盒1 . 文字
　　　設置 全域 運算元2 為　文字輸入盒2 . 文字
　　　如果　清單選擇器1 . 選中項 = " + "
　　　則　設 標籤3 . 文字 為　取得 全域 運算元1 + 取得 全域 運算元2
　　　如果　清單選擇器1 . 選中項 = " - "
　　　則　設 標籤3 . 文字 為　取得 全域 運算元1 - 取得 全域 運算元2
　　　如果　清單選擇器1 . 選中項 = " * "
　　　則　設 標籤3 . 文字 為　取得 全域 運算元1 × 取得 全域 運算元2
　　　如果　清單選擇器1 . 選中項 = " / "
　　　則　設 標籤3 . 文字 為　取得 全域 運算元1 / 取得 全域 運算元2

上述 4 個【如果 - 則】條件積木判斷【清單選擇器 1. 選中項】屬性值的字串，可以判斷使用者選擇的是加法、減法、乘法或除法運算。

9-5 字典與 JSON

App Inventor 字典（簡稱 AI2 字典）和 JSON 資料擁有密切的關係，我們不只可以使用字典來建立 JSON 資料，更可以在第 13 章使用字典來剖析網路取得的 JSON 資料。

9-5-1 認識字典

App Inventor「字典」（Dictionaries）是一種儲存鍵值資料對的資料結構，可以使用鍵（Key）取出和更改值（Value），或使用鍵來新增和刪除項目。我們準備將第 3-3 節的 JSON 資料改用 App Inventor 字典來表示，例如：JSON 資料如下所示：

```
{
  "Boss": "陳會安",
  "Employees": [
    { "name": "陳允傑", "tel": "02-22222222" },
    { "name": "江小魚", "tel": "03-33333333" },
    { "name": "陳允東", "tel": "04-44444444" }
  ]
}
```

上述 JSON 資料可以建立成 App Inventor 字典，如下圖所示：

在【程式設計】頁面的「內置塊 / 字典」下提供建立字典、新增、更新和刪除字典鍵值對項目的相關積木，其說明如右表所示：

積木	說明
建立空的字典	建立空的字典
建立一個字典 鍵 值 鍵 值	建立鍵值對項目的字典，預設是 2 個項目，點選左上方藍色小圖示可新增更多項目的鍵值對
鍵 值	字典的鍵值對項目
取得字典 中對應於鍵 的值，如果沒找到則回傳 " not found "	使用鍵（Key）從字典（Dictionary）的項目中取出值，沒有找到（If Not Found）回傳最後插槽的字串
將字典 中對應於鍵 的值設為	使用鍵（Key）指定字典（Dictionary）此鍵項目的值（To），如果鍵不存在，就是新增鍵和值
刪除字典 中對應於鍵 的項目	使用鍵（Key）刪除字典（Dictionary）中此鍵的項目
字典中是否有這個鍵？鍵 字典	判斷字典中是否有指定的鍵
是否為字典？	判斷是否是字典

9-5-2 使用字典

在第 9-3 節是使用 2 個清單來分別儲存會員名稱和會員密碼，如果改用 App Inventor 字典，我們只需使用一個字典即可儲存會員名稱和會員密碼，其中的鍵是會員名稱；值是密碼。

AI2 專案：ch9_5_2.aia

請修改第 9-3 節的會員管理 App，改用字典儲存會員名稱和會員密碼，當登入成功，就在下方標籤組件顯示登入的會員名稱和密碼，按【註冊】鈕，若會員不存在，就新增至會員字典，其執行結果和第 9-3 節的 AI2 專案完全相同。

▍專案的畫面編排

請將【ch9_3】專案另存成專案名稱 ch9_5_2，並且將應用程式名稱改為 ch9_5_2。

▍拼出積木程式

請切換至【程式設計】頁面，只保留 1 個全域變數且改名為【會員】，然後指定值是字典，初始有 2 個項目，如下圖所示：

然後修改【按鈕 1. 被點選】會員登入的事件處理，使用 2 層巢狀【如果 - 則 - 否則】二選一條件積木來判斷會員是否成功登入，在外層條件是使用【字典中是否有這個鍵？鍵 - 字典】積木檢查是否有此會員名稱的鍵，如右圖所示：

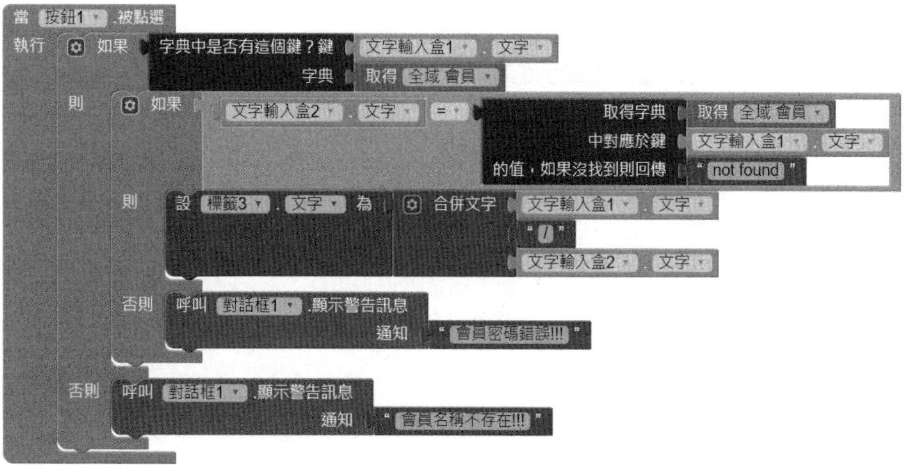

如果有此鍵，在上述內層條件就可以比較輸入密碼和字典值的密碼是否相同，這是使用【取得字典 - 中對應於鍵 - 的值，如果沒有找到則回傳】積木來取出密碼值，如果密碼正確，就在標籤組件顯示會員名稱和密碼。

然後修改【按鈕 2. 被點選】會員註冊的事件處理，【如果 - 則 - 否則】二選一條件積木的條件是會員名稱的鍵不存在，因為【字典中是否有這個鍵？鍵 - 字典】積木是檢查鍵是否存在，所以在之前加上【非】積木，如下圖所示：

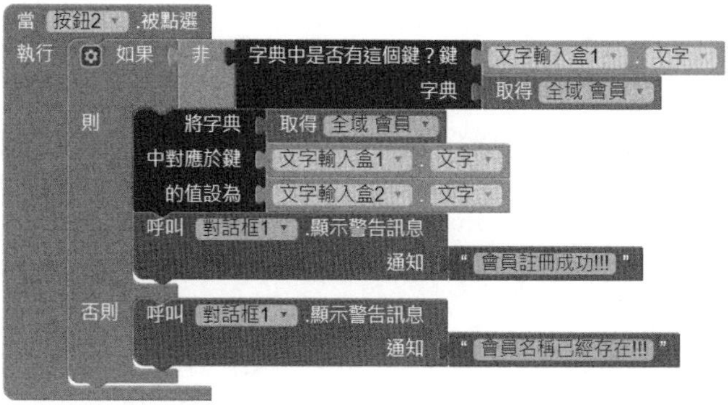

上述條件如果成立，表示是一位新會員，所以使用【將字典 - 中對應於鍵 - 的值設為】積木新增字典項目，會員名稱是鍵；會員密碼是值。

✎ 學習評量

1. 請問什麼是 App Inventor 清單？清單項目的開始索引值是 _____。

2. 請問 App Inventor 是如何新增清單？ App Inventor 可以和清單變數搭配的常用清單組件有哪些？

3. 請問 App Inventor 字典是什麼？請將下列 JSON 資料改用 AI2 字典來建立，如下所示：

```
{
    "Employees": [
        {
            "name": "陳允傑", "age": 22
        },
        {
            "name": "江小魚", "age": 21
        },
        {
            "name": "陳允東", "age": 24
        }
    ],
    "Classes": ["5.01","15.02","8.21"]
}
```

4. 請修改第 9-2 節的 AI2 專案，改用【當滿足條件】迴圈積木來顯示清單的 6 個數字。

5. 請修改第 9-4-2 節的 AI2 專案，改用【選中項索引】屬性來判斷使用者選擇了哪一個運算子。

6. 請建立 AI2 專案的學生成績登錄 App，在使用介面擁有 1 個文字輸入盒和 1 個按鈕，使用文字方塊輸入 4 筆學生成績資料，按下按鈕就存入清單，等到 4 次後，按鈕標題改為計算，按下按鈕，可以在對話框顯示計算結果的總分和平均。

多螢幕 App 與 IoT 裝置開發

10-1　在專案新增螢幕組件

App Inventor 螢幕組件如同 Windows 作業系統的視窗，在同一個 App 可以擁有多個螢幕。現在，我們準備在 AI2 專案新增螢幕組件後，新增按鈕來切換這 2 個螢幕。

▌在 App Inventor 專案新增螢幕組件

在 App Inventor 專案新增螢幕組件的步驟，如下所示：

Step 1　請新建名為 ch10_1 專案，在「工作面板」區上方按【新增螢幕】鈕新增螢幕組件（【刪除螢幕】鈕是刪除螢幕組件），在【螢幕名稱】欄輸入名稱，預設是 Screen2（可自行改成英文名稱，不支援中文，而且一旦決定名稱，就無法更改），按【確定】鈕新增螢幕組件。

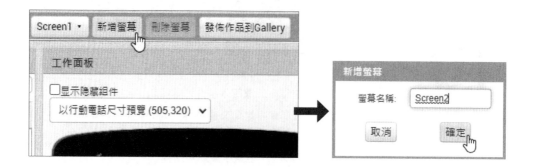

Step 2 可以看到目前位在第 2 個螢幕組件，選第 1 個下拉式選單的選項，可以切換回第 1 個 Screen1 螢幕組件，如下圖所示：

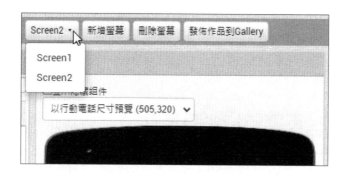

▌開啟專案的其他螢幕

App Inventor 積木程式是使用「內置塊 / 控制」下的【開啟另一畫面 - 畫面名稱】積木，可在下拉式選單選擇切換的螢幕組件，如下圖所示：

AI2 專案：ch10_1.aia

我們準備建立雙螢幕切換的 Android App，在專案共有 2 個螢幕組件，在 Screen1 擁有 1 個按鈕組件，Screen2 有 2 個，按下按鈕，可以從 Screen1 切換至 Screen2，在 Screen2 的 2 個按鈕分別使用不同方法，可以從 Screen2 切換回 Screen1，其執行結果如下圖所示：

專案的畫面編排

在【畫面編排】頁面建立使用介面，Screen1 螢幕新增 1 個按鈕組件；Screen2 螢幕新增 2 個按鈕組件。

編輯組件屬性

在畫面新增組件後，請依據下表選取各組件後，在「組件屬性」區更改各組件的屬性值，如下表所示：

組件	屬性	屬性值
按鈕 1（Screen1）	文字	開啟第 2 個螢幕
按鈕 1（Screen2）	文字	開啟第 1 個螢幕
按鈕 2（Screen2）	文字	回到第 1 個螢幕

▌拼出積木程式

請選 Screen1 螢幕且切換至【程式設計】頁面，新增【按鈕 1. 被點選】事件處理來開啟第 2 個螢幕，這是使用【開啟另一畫面】積木，參數【畫面名稱】是欲切換的 Screen2 螢幕，如下圖所示：

在 App Inventor 的上方選 Screen2 切換至 Screen2 螢幕組件後，新增【按鈕 1. 被點選】和【按鈕 2. 被點選】事件處理來開啟第 1 個螢幕和關閉螢幕（使用「內置塊 / 控制」下的【關閉畫面】積木），都可以回到 Screen1 螢幕，如下圖所示：

10-2 在多螢幕之間交換資料

當 App Inventor 建立的是多螢幕 App，除了切換螢幕，我們還可能需要在螢幕之間交換資料，即將資料傳遞至開啟螢幕，或在關閉螢幕後，回傳資料至開啟它的螢幕。

10-2-1 將資料傳遞至開啟螢幕

第一種螢幕之間的資料交換是單向資料交換，我們可以從 Screen1 螢幕傳遞【初始值】資料至開啟的 BMI 螢幕，這是使用「內置塊 / 控制」下的【開啟其他畫面並傳值】積木將資料傳遞至開啟螢幕，如下圖所示：

上述積木程式的【畫面名稱】插槽是欲開啟的螢幕 BMI，可以傳遞【初始值】插槽的值至 BMI 螢幕。在【BMI】螢幕是使用「內置塊 / 控制」下的【取得初始值】積木來取得傳遞的資料，如下圖所示：

AI2 專案：ch10_2_1.aia

請另存第 7-5 節的 BMI 計算機 App 後，新增名為【BMI】的第二頁螢幕，在計算出 BMI 值後，開啟第二頁螢幕和傳遞 BMI 值，即可在第二頁顯示計算結果的 BMI 值，其執行結果如下圖所示：

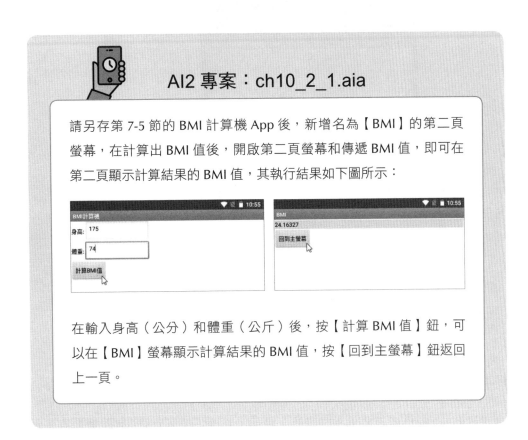

在輸入身高（公分）和體重（公斤）後，按【計算 BMI 值】鈕，可以在【BMI】螢幕顯示計算結果的 BMI 值，按【回到主螢幕】鈕返回上一頁。

專案的畫面編排

請開啟【ch7_5】專案另存成專案名稱 ch10_2_1，然後在「組件屬性」區找到【App 名稱】欄改為 ch10_2_1，即可在 Screen1 螢幕刪除【標籤 3】組件。然後新增名為 BMI 的螢幕，其【標題】屬性是預設螢幕名稱，然後新增 1 個標籤和 1 個按鈕組件，如下圖所示：

編輯組件屬性（BMI 螢幕）

在 BMI 螢幕新增組件後，請依據下表選取各組件後，在「組件屬性」區更改各組件的屬性值（N/A 表示清除內容），如下表所示：

組件	屬性	屬性值
標籤 1	背景顏色	黃色
標籤 1	寬度 , 高度	填滿 , 20
標籤 1	文字	N/A
按鈕 1	文字	回到主螢幕 .

拼出積木程式（Screen1 螢幕）

請切換至 Screen1 螢幕的【程式設計】頁面，修改【按鈕計算 . 被點選】事件處理，在計算出 BMI 值後，使用【開啟其他畫面並傳值】積木開啟 BMI 螢幕，和傳遞 BMI 值至此螢幕，如下圖所示：

▍拼出積木程式（BMI 螢幕）

請切換至 BMI 螢幕的【程式設計】頁面，新增【BMI. 初始化】和【按鈕 1. 被點選】兩個事件處理，可以使用【取得初始值】積木取得傳遞的 BMI 值和在標籤組件顯示，按鈕事件處理是關閉畫面回到 Screen1 螢幕，如下圖所示：

10-2-2　關閉螢幕回傳資料

如果在螢幕之間需要同時傳遞多個值，我們可以使用 App Inventor 清單來傳遞，例如：開啟【Operator】螢幕，傳遞 2 個運算元值的清單至開啟螢幕，如下圖所示：

當在【Operator】螢幕關閉螢幕時，可以將運算結果回傳至 Screen1 螢幕，這是使用「內置塊 / 控制」下的【關閉目前的畫面並回傳值 - 回傳值】積木，可以回傳值至上一頁的 Screen1 螢幕，如下圖所示：

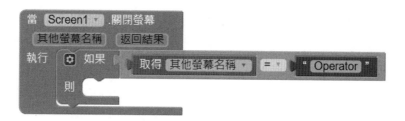

在 Screen1 螢幕的上一頁是使用【Screen1. 關閉螢幕】事件處理，來取得關閉螢幕的回傳值，這是使用條件積木判斷【其他螢幕名稱】參數是否是關閉 Operator 螢幕（使用螢幕名稱字串），如果是，就使用【返回結果】參數來取得回傳值，如下圖所示：

AI2 專案：ch10_2_2.aia

請另存修改第 8-2-1 節的四則計算機，新增【Operator】螢幕且將下拉式選單組件改置於【Operator】螢幕來選擇加、減、乘和除的四個運算子，運算結果則是回傳至 Screen1 螢幕顯示，其執行結果如右圖所示：

在輸入 2 個運算元後，按【選擇運算子】鈕開啟 Operator 螢幕的下拉式選單，然後選擇運算子減法後，就會關閉螢幕回傳運算結果，可以在標籤組件顯示計算結果 55，如下圖所示：

專案的畫面編排

請將【ch8_2_1】專案另存成專案名稱 ch10_2_2，然後在「組件屬性」區找到【App 名稱】欄，也改為 ch10_2_2。首先在 Screen1 螢幕刪除下拉式選單組件，將計算按鈕組件改名成【選擇運算子】。

然後新增名為 Operator 的螢幕，和在 Operator 螢幕新增 1 個下拉式選單組件，如下圖所示：

編輯組件屬性（Screen1 螢幕）

在 Screen1 螢幕修改組件後，請依據下表選取各組件後，在「組件屬性」區更改各組件的屬性值，如下表所示：

組件	屬性	屬性值
按鈕運算子	文字	選擇運算子

編輯組件屬性（Operator 螢幕）

在 Operator 螢幕新增組件後，請依據下表選取各組件後，在「組件屬性」區更改各組件的屬性值，如下表所示：

組件	屬性	屬性值
Operator	標題	選擇運算子
下拉式選單 1	元素字串	+,-,*,/

拼出積木程式（Screen1 螢幕）

請切換至 Screen1 的【程式設計】頁面，刪除全域變數後，修改【按鈕 1. 被點選】事件處理，使用【開啟其他畫面並傳值】積木開啟 Operator 螢幕，並且傳遞 2 個運算元的值，如右圖所示：

然後新增【Screen1. 關閉螢幕】事件處理，取得關閉 Operator 螢幕的回傳值，【其他螢幕名稱】參數是關閉的螢幕名稱字串；【返回結果】參數就是回傳值的運算結果，如下圖所示：

▌拼出積木程式（Operator 螢幕）

請切換至 Operator 螢幕的程式設計頁面，新增 2 個全域變數來儲存從 Screen1 螢幕傳遞的 2 個運算元，和【運算結果】變數儲存運算結果，然後新增【Operator. 初始化】事件處理來取得 2 個傳遞值，如下圖所示：

上述事件處理使用【取得初始值】積木取得傳遞的清單，和依序指定第 1 個和第 2 個元素給全域變數【運算元 1】和【運算元 2】。最後新增【下拉式選單 1. 選擇完成】事件處理，如下圖所示：

上述 4 個【如果 - 則】條件積木判斷參數【選擇項】是加法、減法、乘法或除法，最後使用【關閉目前的畫面並回傳值】積木來回傳運算結果至 Screen1 螢幕。

10-3 圖像與計時器組件

圖像組件可以顯示「素材」區上傳圖檔的圖片，計時器組件如同是一個定時器，除了可以取得目前的時間外，還可以定時呼叫事件處理來自動間隔執行所需的操作。

▌計時器組件

計時器組件的相關屬性說明，如下表所示：

屬性	說明
持續計時	程式位在背景也持續的定時觸發事件，值 true 是持續計時（預設值）；反之為 false
啟用計時	啟用計時器來定時觸發事件，值 true 是啟用（預設值）；false 是停用
計時間隔	存取觸發事件的間隔時間，單位是毫秒，預設值是 1000

計時器組件提供相關方法來取得目前的日期 / 時間。計時器組件的相關事件說明，如下表所示：

事件	說明
計時	當指定的間隔時間到時，就觸發此事件

█ 圖像組件

圖像組件沒有事件和方法，常用屬性的說明，如下表所示：

屬性	說明
圖片	存取顯示的圖檔檔名字串，包含副檔名
動畫形式	圖片顯示的動畫，可用的動畫有：ScrollRightSlow、ScrollRight、ScrollRightFast、ScrollLeftSlow、ScrollLeft、ScrollLeftFast 和 Stop
可見性	是否顯示圖片，值 true 是顯示；false 是隱藏
寬度百分比	圖片寬度的百分比，可以縮放圖片的寬度，值是 0~100
高度百分比	圖片高度的百分比，可以縮放圖片的高度，值是 0~100
旋轉角度	圖片的旋轉角度

AI2 專案：ch10_3.aia

在 Android App 建立圖片計時器，按【開始計時】鈕，可以在下方使用圖像顯示計時的分數和秒數，並且持續的進行計時，按【停止計時】鈕可以停止計時，其執行結果如下圖所示：

▊ 專案的畫面編排

在【畫面編排】頁面建立使用介面，共新增 2 個水平配置、2 個按鈕、1 個標籤、4 個圖像和 1 個非可視的計時器（位在「感測器」分類）組件，如下圖所示：

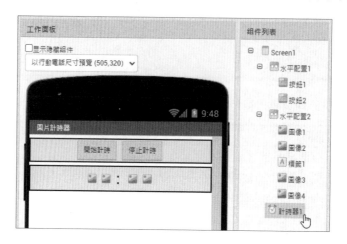

▊ 專案的素材檔

在圖像組件顯示的數字圖片，需要先在「素材」區上傳 0～9.GIF 圖檔，如下圖所示：

▌ 編輯組件屬性

在螢幕新增組件後，請依據下表選取各組件後，在「組件屬性」區更改各組件的屬性值，主要屬性如下表所示：

組件	屬性	屬性值
Screen1	標題	圖片計時器
水平配置 1~2	水平對齊、垂直對齊	居中
水平配置 1~2	寬度	填滿
水平配置 2	高度	40 像素
按鈕 1	文字	開始計時
按鈕 2	文字	停止計時
圖像 1~4	高度	填滿
標籤 1	文字	:
標籤 1	字體大小	30
計時器 1	啟用計時	取消勾選（false）

▌ 拼出積木程式

請切換至【程式設計】頁面建立 2 個全域變數【分】和【秒】後，新增【按鈕 1~2. 被點選】事件處理，分別指定【啟用計時】屬性值為真來啟用，和假來停用計時器組件，如下圖所示：

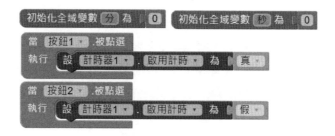

然後新增【計時器 1. 計時】事件處理來顯示圖片計時，可以使用預設間隔時間 1000 毫秒來持續地觸發事件，執行此事件處理可以更新計時的時間，如下圖所示：

上述事件處理的第 1 部分是顯示分鐘計時的圖片，這是呼叫計時器組件的【取得當下時間】方法來取得目前的時間，因為單位是時間刻記值，需再呼叫【取得分鐘】方法轉換成分鐘數，即可使用【如果 - 則 - 否則】二選一條件判斷分鐘數是否大於 10，如果是，就使用除法和餘數取出 10 位數和個位數，然後分別顯示對應的圖片；如果小於 10，就在之前補上 0，然後顯示分鐘數的數字圖片。

在第 2 部分是顯示計時的秒數，其結構和顯示分鐘數相似，只是改呼叫【取得秒值】方法（請注意！並不是【取得秒數】方法）。

10-4　開發 IoT 裝置：感測器組件

App Inventor 感測器組件是位在「感測器」分類，支援多種感測器（需視 Android 實機是否有支援這些感測器），如下圖所示：

在 AI2 官方新版的 Android 模擬器已經支援 GPS 位置設定和虛擬感測器，可以讓我們模擬產生感測器數據，來測試執行 Android App。

▍位置感測器　　　　　　　　　　　　　　　　　　| ch10_4.aia

位置感測器組件是一個非可視的組件，可以存取目前行動裝置的 GPS 位置資料，包含：緯度（Latitude）、經度（Longitude）和高度（Altitude）等資訊。

請參閱附錄 A-2-3 節安裝 AI2 官方 Android 模擬器，在啟動 aiStarter 後，開啟 ch10_4.aia 專案，執行「連線 > 模擬器」命令，可以看到執行結果，如下圖所示：

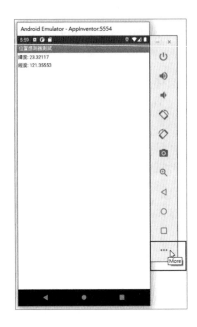

點選右方垂直工具列最後的【⋯】鈕，開啟「Extended controls」對話方塊，在左側選第 1 個【Location】標籤後，在地圖中找到台北 101，點選後，按右下方【SET LOCATION】鈕設定位置，如下圖所示：

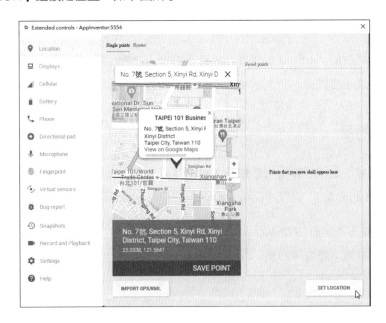

稍等一下，等到更新位置後，可以看到更新成為台北 101 的經緯度，如下圖所示：

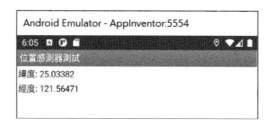

在專案的畫面編排是使用 2 個標籤組件顯示經緯度值，程式設計的積木程式是新增
【位置感測器 1. 位置變化】事件處理，當 GPS 座標有變化時，可以使用參數【經
度】和【緯度】取得經緯度座標，參數【海拔】就是高度，如下圖所示：

▌加速感測器　　　　　　　　　　　　　　　　| ch10_4a.aia

加速度感測器是非可視組件，可以偵測行動裝置的晃動和測量 X、Y 和 Z 軸三個
方向的加速度（AI2 稱為分量）。請開啟 ch10_4a.aia 專案，如果已經啟動官方
Android 模擬器，可以馬上看到執行結果取得的加速度，如下圖所示：

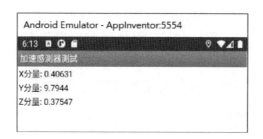

點選右方垂直工具列最後的【…】鈕，開啟「Extended controls」對話方塊，在左側選【Virtual sensors】標籤，調整下方 Z-Rot、X-Rot 和 Y-Rot，可以看到 X、Y 和 Z 軸的分量也同步更新，如下圖所示：

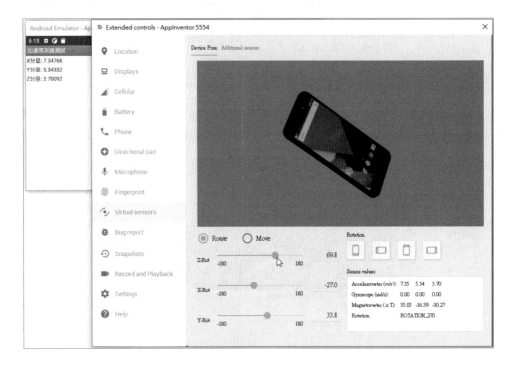

在專案的畫面編排是使用 3 個標籤組件顯示 X、Y 和 Z 軸的分量值，程式設計的積木程式是新增【加速度感測器 1. 加速度變化】事件處理，當行動裝置的晃動時，可以使用參數取得 X、Y 和 Z 軸的分量值，如下圖所示：

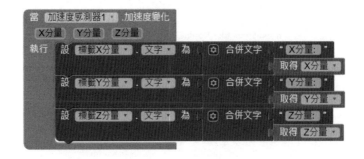

▌更多 AI2 感測器　　　　　　　　　　| ch10_4b.aia

App Inventor 除了位置和加速感測器外，在這個 AI2 專案我們準備測試更多的 AI2 感測器，包含：照度、溫度、溼度、距離和磁場，其執行結果如下圖所示：

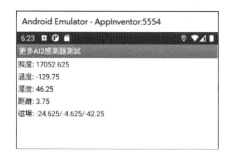

點選右方垂直工具列最後的【 ⋯ 】鈕，開啟「Extended controls」對話方塊，在左側選【Virtual sensors】標籤，再選上方【Additional sensors】標籤，就可以調整模擬各種感測器的數據，如下圖所示：

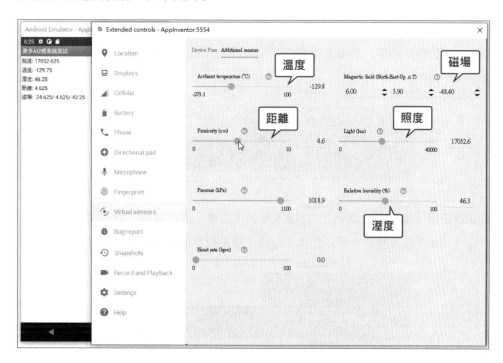

照度是使用 LightSensor 感測器，在積木程式是新增【LightSensor1.LightChanged】
事件處理，當照度改變時，可以使用【lux】參數取得最新的照度值，如下圖所示：

溫度是使用 Thermometer 感測器，在積木程式是新增【Thermometer1.Temperature
Changed】事件處理，當溫度改變時，可以使用【temperature】參數取得最新的溫
度值，如下圖所示：

溼度是使用 Hygrometer 感測器，在積木程式是新增【Hygrometer1.Humidity
Changed】事件處理，當溼度改變時，可以使用【humidity】參數取得最新的溼度
值，如下圖所示：

距離是使用【接近度感測器】，在積木程式是新增【接近度感測器 1. 距離改變】事
件處理，當距離改變時，可以使用【距離】參數取得最新的距離值，如下圖所示：

磁場是使用 MagneticFieldSensor 感測器，在積木程式是新增【MagneticField Sensor1.MagneticChanged】事件處理，當磁場改變時，可以使用參數取得最新的磁場強度，如下圖所示：

▌檢查行動裝置是否支援感測器　　　　　| ch10_4c.aia

在 AI2 專案可以判斷和顯示行動裝置是否支援指定的感測器，true 是支援；false 是不支援，其執行結果可以看到筆者實機並沒有支援溫 / 溼度感測器，如下圖所示：

在程式設計的積木程式是使用感測器的【可用狀態】屬性，可以顯示行動裝置是否支援此種感測器，如下圖所示：

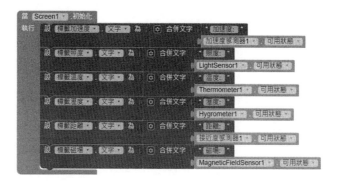

🖊 學習評量

1. 請簡單說明什麼是 App Inventor 的螢幕組件？在 App Inventor 專案如何新增螢幕？如何從第 1 個螢幕傳遞資料至第 2 個螢幕？如果需要傳遞 3 個資料，我們需要如何作？

2. 請簡單說明 App Inventor 在 2 個螢幕之間的雙向資料交換，當從第 1 個螢幕傳遞資料至第 2 個螢幕後，關閉第 2 個螢幕，如何從第 2 個螢幕回傳資料至第 1 個螢幕。

3. 請問 App Inventor 圖像和計時器組件的功能為何？

4. 請修改第 8-2-1 節的四則計算機，新增第 2 個螢幕，然後在第 2 個螢幕顯示計算結果。

5. 請建立擁有 2 個螢幕的 App Inventor 專案，第 1 個螢幕有一個標籤和名為【取得英文月份】的按鈕組件，按下按鈕可以開啟第 2 個螢幕，我們可以在第 2 個螢幕的文字輸入盒輸入 1~12 數字的月份，按下按鈕可以取得輸入月份的英文名稱（使用清單建立），並且回傳至第 1 個螢幕的標籤組件來顯示。

6. 請建立 AI2 專案模擬常用的 DHT-11 溫濕度感測器，可以定時 1 秒鐘自動讀取和顯示溫度和溼度值，請使用 AI2 官方新版的 Android 模擬器來測試執行。

3

Node-RED+App Inventor 2
雙引擎 IoT 物聯網整合應用

CHAPTER

11 MQTT 物聯網通訊協定

11-1 認識 MQTT 通訊協定

MQTT（Message Queuing Telemetry Transport）是 OASIS 標準的訊息通訊協定（Message Protocol），這是架構在 TCP/IP 通訊協定上，針對機器對機器（Machine-to-machine，M2M）的輕量級通訊協定。

11-1-1 MQTT 通訊協定的基礎

MQTT 可以在低頻寬網路和高延遲 IoT 裝置來進行資料交換，特別適用在 IoT 物聯網這些記憶體不足且效能較差的微控制器開發板。基本上，MQTT 是使用「出版和訂閱模型」（Publish/Subscribe Model）來進行訊息的雙向資料交換，如下圖所示：

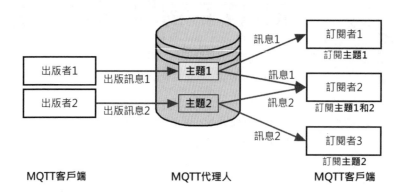

上述所有 MQTT 客戶端都需要連線 MQTT 代理人（MQTT Broker）才能出版指定主題（Topic）的訊息，其扮演的角色是出版者和訂閱者（也可以同時扮演出版者和訂閱者），如下所示：

- 出版者（Publisher）：MQTT 客戶端並不需要事先訂閱主題，就可以針對指定 MQTT 主題（Topic）來出版訊息，作為出版者。
- 訂閱者（Subscriber）：每一個 MQTT 客戶端都可以訂閱指定主題作為訂閱者，當有出版者針對此主題出版訊息時，所有訂閱此主題的訂閱者都可以透過 MQTT 代理人來接收到訊息。如果出版者本身也有訂閱此主題，因為也是訂閱者，所以一樣可以收到訊息。

11-1-2 MQTT 訊息

MQTT 訊息（MQTT Message）是在不同裝置之間交換的資料，傳送的資料可能是命令；也可能是資料。MQTT 訊息是使用標頭、主題和訊息內容所組成，如下圖所示：

上述標頭是數字編碼，佔用 2 個位元組（2 個字元），在後面跟著訊息主題（Topic）和訊息內容（Payload），訊息內容就是實際在不同裝置之間傳遞的資料，資料可以是單純的文字內容或 JSON 資料。

在 MQTT 訊息的標頭可以指定是否保留（Retained）訊息和服務品質（Quality of Service，QoS），如下所示：

- 保留（Retained）：如果選擇保留，MQTT 代理人會保存此主題的訊息，如果之後有新的訂閱者，或之前斷線的訂閱者，當重新連線後，都能收到最新一則的保留訊息（請注意！並非全部訊息）。
- 服務品質（Quality of Service，QoS）：可以指定 MQTT 出版者與代理人，或 MQTT 代理人與訂閱者之間的訊息傳輸品質。在 MQTT 定義三種等級的服務品質，如下表所示：

QoS 值	說明
0	最多傳送一次（at most once）- 平信
1	至少傳送一次（at least once）- 掛號
2	確實傳送一次（exactly once）- 附回信

11-1-3 MQTT 主題

MQTT 主題（MQTT Topic）是使用「/」主題等級分隔字元來分割字串，如同檔案的目錄結構，這是一種階層結構的名稱，如下圖所示：

上述 MQTT 主題使用「/」分隔成多個主題等級（Topic Level），主題等級名稱不能使用「$」字元開頭，而且區分英文大小寫，所以下列 3 個主題是不同的 MQTT 主題，如下所示：

```
sensor/livingroom/temp
Sensor/Livingroom/Temp
SENSOR/LIVINGROOM/TEMP
```

MQTT 主題可以使用萬用字元來同時訂閱多個主題，如下所示：

- 單層萬用字元（Single Level Wildcard）：在主題可以使用「+」萬用字元來代替單層的主題等級，例如：「home/sensor/+/temp」可以同時訂閱下列 MQTT 主題，如下所示：

```
home/sensor/livingroom/temp
home/sensor/kitchen/temp
home/sensor/restroom/temp
```

- 多層萬用字元（Multi-level Wildcard）：在主題可以使用「#」萬用字元來代替多層的主題等級，例如：「home/sensor/#」可以同時訂閱下列 MQTT 主題，如下所示：

```
home/sensor/livingroom/temp
home/sensor/kitchen/temp
home/sensor/kitchen/brightness
home/sensor/firstfloor/livingroom/temp
```

11-2 MQTT 代理人和客戶端

MQTT 通訊協定的硬體架構類似主從架構，只是將主從架構的伺服端改成 MQTT 代理人，而 MQTT 客戶端就是主從架構的客戶端，如下圖所示：

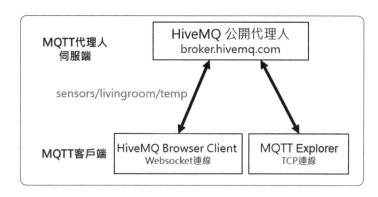

11-2-1　MQTT 代理人

MQTT 代理人負責接收所有出版者的訊息、處理訊息和決定有哪些訂閱者，並且負責將 MQTT 客戶端出版的訊息發送至所有訂閱者。MQTT 代理人有多家廠商的軟體，和開放原始碼的 Mosquitto 專案。一些常用的公開 MQTT 代理人，如下所示：

■ HiveMQ MQTT 公開代理人的相關資訊，如下表所示：

主機名稱	broker.hivemq.com
TCP 埠號	1883
Websocket 埠號	8000

■ Eclipse IoT 公開代理人的相關資訊，如下表所示：

主機名稱	mqtt.eclipseprojects.io
TCP 埠號	1883
Websocket 埠號	8883

■ test.mosquitto.org 公開代理人的相關資訊，如下表所示：

主機名稱	test.mosquitto.org
TCP 埠號	1883
Websocket 埠號	8080

■ EMQX 公開代理人的相關資訊，如下表所示：

主機名稱	broker.emqx.io
TCP 埠號	1883
Websocket 埠號	8083

11-2-2　MQTT 客戶端

MQTT 客戶端（MQTT Client）是訊息的出版者，也是接收者，我們可以使用 MQTT 客戶端出版指定主題的訊息至 MQTT 代理人，也可以從 MQTT 代理人接收訂閱主題的訊息。

基本上，任何 IoT 裝置或電腦上執行的工具程式或函式庫，可以透過網路使用 MQTT 通訊協定連接 MQTT 代理人來交換訊息，就是 MQTT 客戶端。例如：第 11-3 節使用 Node-RED 建立的 MQTT 客戶端，第 11-4 節是使用 App Inventor 建立 MQTT 客戶端。

這一節我們準備直接使用現成的客戶端工具來連線第 11-2-1 節的 MQTT 公開代理人：HiveMQ。

MQTT 客戶端：HiveMQ Browser Client

HiveMQ Browser Client 是使用 Websocket 連線的 MQTT 客戶端工具，這是一個網頁介面的工具來測試 MQTT 訊息的傳遞。HiveMQ Browser Client 工具的使用步驟，如下所示：

Step 1 請進入 http://www.hivemq.com/demos/websocket-client/，在【Host】欄輸入【broker.hivemq.com】，【Port】欄輸入 Websocket 埠號 8000，按【Connect】鈕連線 MQTT 代理人。

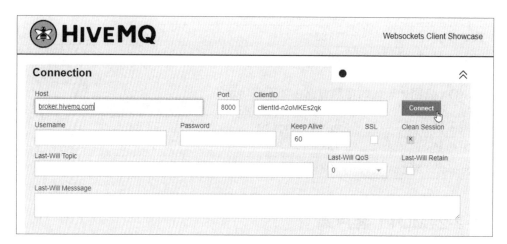

Step 2　當成功連線，可以看到 connected 文字，在右邊「Subscriptions」框按
【Add New Topic Subscription】鈕訂閱主題。

Step 3　請在【Topic】欄位輸入【sensors/livingroom/temp】主題後，按
【Subscribe】鈕訂閱主題，可以在下方看到訂閱主題的清單。

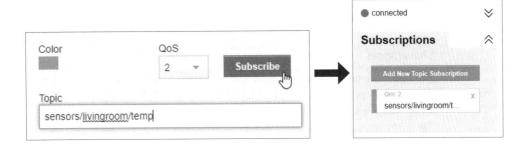

Step 4　在「Publish」框的【Topic】欄輸入【sensors/livingroom/temp】主題後，
在下方【Message】欄輸入訊息 26 後，按【Publish】鈕出版訊息。

Step 5 可以在下方「Messages」框收到 MQTT 代理人送出的出版訊息，如下圖所示：

MQTT 客戶端：MQTT Explorer

MQTT Explorer 是一個支援可攜式版本的獨立工具，我們只需要下載工具，就可以馬上測試 MQTT 訊息的傳遞，其 URL 網址如下所示：

```
http://mqtt-explorer.com/
```

請捲動找到「Download」區段，點選 Windows 哪一列的【portable】超連接下載免安裝可攜式版本，下載檔名是【MQTT-Explorer-0.4.0-beta1.exe】。MQTT Explorer 使用的步驟，如下所示：

Step 1 請雙擊【MQTT-Explorer-0.4.0-beta1.exe】啟動 MQTT Explorer，首先看到連線介面，請點選左上角【Connections】前的圓形【＋】號新增 MQTT 代理人。

Step 2 在【Name】欄輸入代理人名稱 HiveMQ，【Host】欄輸入【broker.hivemq. com】（mqtt:// 就是 tcp://），埠號是預設 1883，按下方【ADVANCED】鈕新增訂閱主題。

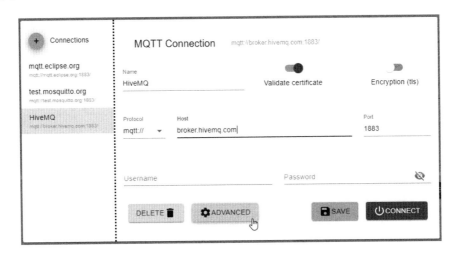

Step 3 在【Topic】欄輸入【sensors/livingroom/temp】主題，QoS 是選 0，按【+ ADD】鈕新增訂閱的主題。

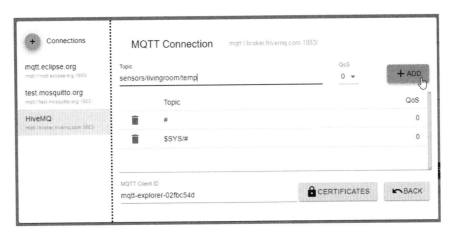

Step 4 可以在下方看到訂閱的主題清單（點選前方【垃圾桶】圖示 🗑 可以刪除主題），如果有更多的主題，請自行再次新增，如下圖所示：

	Topic	QoS
🗑	#	0
🗑	$SYS/#	0
🗑	sensors/livingroom/temp	0

Step 5 請按【BACK】鈕返回後，按下方【SAVE】鈕儲存設定，再按【CONNECT】鈕連線 MQTT 代理人。

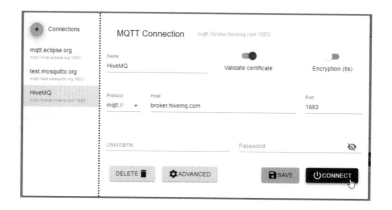

Step 6 當成功連線，請在右方「Publish」區段的【Topic】欄輸入主題【sensors/livingroom/temp】，選【raw】後，在下方輸入訊息【30】，在最下方可選 QoS 和勾選是否保留（Retained），按【PUBLISH】鈕出版訊息。

Step 7 因為 MQTT 客戶端已經訂閱此主題，請在左方展開 MQTT 代理人和主題階層來檢視收到的 MQTT 訊息。

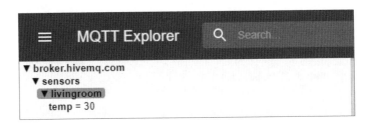

Step 8 MQTT 訊息也可以是 JSON 資料，請選【json】，在下方輸入 JSON 訊息後，按【PUBLISH】鈕，如下所示：

```
{"temp":22, "humid": 56}
```

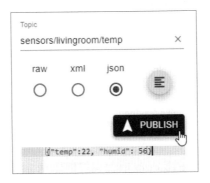

Step 9 可以在左邊看到收到的 JSON 訊息（下圖左），在右方「Publish」區段繼續向下捲動，可以看到「History」歷史訊息，如下圖右所示：

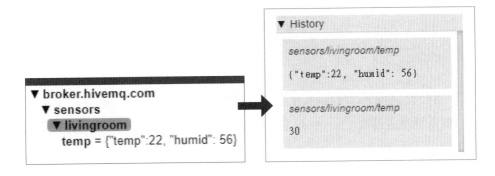

因為之前 HiveMQ Browser Client 也有訂閱此主題，所以一樣可以收到這 2 則訊息，如下圖所示：

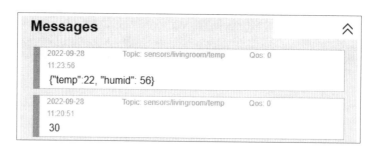

11-3 使用 Node-RED 建立 MQTT 客戶端

Node-RED 支援 MQTT 通訊協定的 mqtt 節點，我們可以使用 mqtt 節點建立 MQTT 客戶端的 Node-RED 流程來連線 MQTT 代理人。

11-3-1 Node-RED 的 mqtt 節點

Node-RED 在「網路」區段支援 mqtt in 節點訂閱訊息，和 mqtt out 節點出版訊息，如下圖所示：

上述 2 個節點共用 mqtt-broker 配置節點來新增 MQTT 代理人的連線設定，在 Node-RED 稱為服務端（Server）。新增 mqtt-broker 配置節點連線設定的步驟，如右所示：

Step 1 請拖拉 mqtt in 或 mqtt out 節點至編輯區域，開啟編輯節點對話方塊，在【服務端】欄選【添加新的 mqtt-broker 節點】，點選後方游標所在按鈕來新增 MQTT 代理人。

Step 2 在【連線】標籤的【服務端】欄輸入 MQTT 代理人的 URL 網址，以此例是【broker.hivemq.com】，埠號是預設 1883。

連接	安全	消息

❂ 服務端	broker.hivemq.com ⌶	埠	1883

☑ Connect automatically
☐ 使用 TLS

❂ Protocol　MQTT V3.1.1

🏷 使用者端ID　留白則自動隨機生成

❤ Keepalive計時(秒)　60

ⓘ Session　☑ 使用新的會話

Step 3 MQTT 代理人如果需要認證資料，請選【安全】標籤輸入使用者名稱和密碼，因為 HiveMQ 並不需要，請按右上方【添加】鈕新增 mqtt-broker 節點。

連接	安全	消息

👤 使用者名稱	
🔒 密碼	

11-3-2 使用 mqtt 節點建立 MQTT 客戶端

當 Node-RED 成功新增 MQTT 公開代理人：HiveMQ 的 mqtt-broker 節點後，在 Node-RED 流程：ch11-3-2.json 使用 mqtt out 節點出版訊息後，使用 mqtt in 節點訂閱和接收出版的訊息，使用的主題是 sensors/livingroom/temp，如下圖所示：

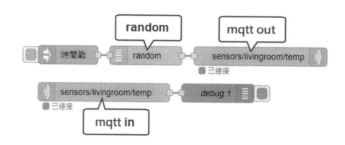

上述 Node-RED 流程的執行結果，每當點選第 1 條的 inject 節點，就可以送出 1 個 20～40 之間的數字，在 mqtt out 節點出版主題 sensors/livingroom/temp 的訊息就是此數字。

在第 2 個流程的 mqtt in 節點訂閱主題 sensors/livingroom/temp，因為 mqtt out 出版此主題的訊息，所以 mqtt in 流程收到訊息後，可以在「除錯窗口」標籤頁顯示 MQTT 訊息，如下圖所示：

```
2022/9/28 下午2:54:59   node: debug 1
sensors/livingroom/temp : msg.payload : number
 34
2022/9/28 下午2:55:03   node: debug 1
sensors/livingroom/temp : msg.payload : number
 21
```

Node-RED 流程的節點說明，如下所示：

- inject/debug 節點：預設值。
- random 節點：亂數產生 20～40 之間的整數。

■ mqtt out 節點：在【服務端】欄選第 11-3-1 節建立的 MQTT 代理人，【主題】欄輸入【sensors/livingroom/temp】，服務品質 QoS 是 0，出版訊息是 inject 節點傳入的 msg.payload，如下圖所示：

■ mqtt in 節點：在【服務端】欄選第 11-3-1 節建立的 MQTT 代理人，【主題】欄輸入訂閱主題 sensors/livingroom/temp，服務品質 QoS 是 0，在【輸出】欄預設自動檢測收到訊息（如果訊息是 JSON 資料，可以選【解析的 JSON 對象】剖析成 JSON 物件），MQTT 訂閱者收到的訊息就是 msg.payload 值，如下圖所示：

11-4 使用 AI2 擴充套件建立 MQTT 客戶端

在 App Inventor 並沒有內建 MQTT 組件，我們需要自行下載 MQTT 擴充套件後，在 AI2 專案匯入擴充套件來建立 MQTT 客戶端。

11-4-1 下載和在專案匯入 MQTT 擴充套件

AI2 MQTT 擴充套件的官方網址，請捲動網頁找到「Download」區段，如下所示：

https://ullisroboterseite.de/android-AI2-MQTT-en.html

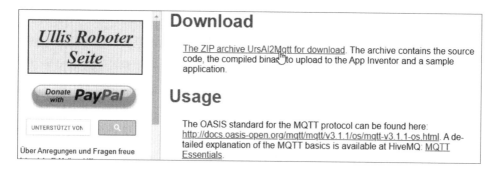

上述超連結可以下載最新版的套件，不過，經筆者測試，舊版接收 MQTT 訊息比較穩定，在本書是使用舊版套件，其下載網址如下所示：

https://github.com/fchart/fchart.github.io/raw/master/extensions/de.ullisroboterseite.ursai2pahomqtt.aix

上述網址可以下載【de.ullisroboterseite.ursai2pahomqtt.aix】擴充套件檔，即可新增 AI2 專案來匯入 MQTT 擴充套件，其步驟如下所示：

Step 1 請新增 ch11_4_1 專案，在「組件面板」區的最後展開【擴充套件】，點選【匯入擴充套件】超連結匯入套件後，按【選擇檔案】鈕選取套件檔案。

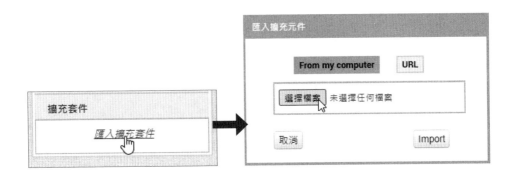

Step 2 在「開啟」對話方塊切換至本書隨附範例的「ch11」目錄,選【de.
ullisroboterseite.ursai2pahomqtt.aix】,按【開啟】鈕。

Step 3 再按【Import】鈕匯入套件,稍等一下,可以看到匯入的 MQTT 組件。

在 AI2 專案拖拉新增非可視【UrsPahoMqttClient1】組件後,可以設定 MQTT 代理
人 Broker 資訊,例如:broker.hivemq.com,如下圖所示:

11-4-2 使用 MQTT 擴充套件建立 MQTT 客戶端

AI2 專案：ch11-4-2.aia 是使用 MQTT 擴充套件建立類似第 11-2-2 節的 MQTT 客戶端，其執行結果請按【連線 MQTT Broker】鈕連線 MQTT 代理人，當成功連線可以看到警告訊息框和在上方顯示已經連線的訊息文字（按【中斷連線 MQTT Broker】鈕中斷連線），如下圖所示：

在【主題】欄輸入訂閱和出版的主題後，按【訂閱】鈕訂閱主題，即可在下方【訊息】欄輸入張貼訊息，按【出版】鈕出版訊息，在下方清單可以顯示接收到的MQTT 訊息。

專案的畫面編排是使用水平配置排列多個按鈕、標籤和文字輸入盒,多個沒有重新命名的標籤是用來增加組件之間的間距,請在 Screen1 螢幕的【Theme】屬性選【裝置預設值】,可以顯示裝置預設外觀的標題列,如下圖所示:

在下方有 3 個非可視組件,最後一個是 MQTT 擴充套件的組件,請在此組件的【Broker】屬性輸入【broker.hivemq.com】,如下圖所示:

在程式設計的積木程式首先建立連接和中斷連線按鈕的事件處理,這是分別呼叫【連線】方法進行連線;【斷開連線】方法中斷連線,如下圖所示:

在連線 MQTT 代理人的連線期間，我們可以在【ConnectionStateChanged】事件處理取得參數【New State】的目前連線狀態，值 2 是成功連線，所以顯示成功連線的訊息，如下圖所示：

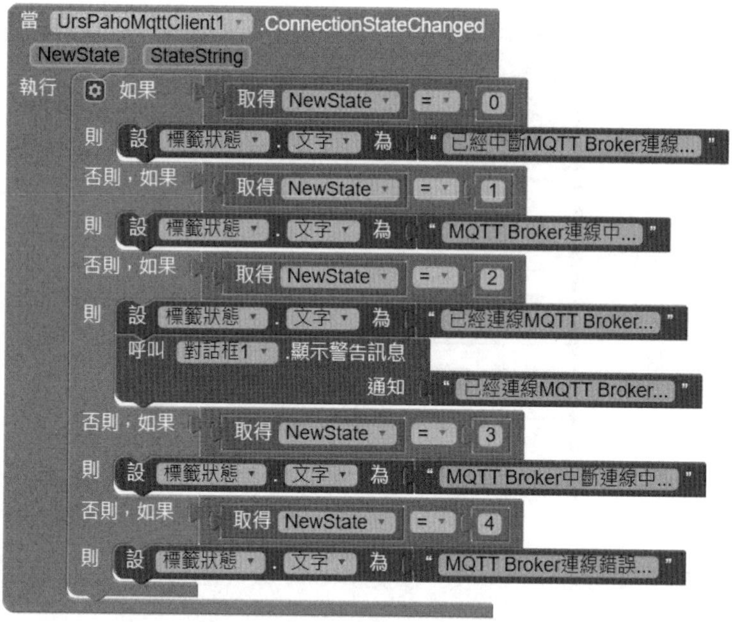

上述成功連線是呼叫對話框組件的【顯示警告訊息】方法來建立 Android 作業系統特有的警告訊息框，訊息快閃一段時間就會消失。當成功連線，就可以在按鈕的事件處理來訂閱主題和出版訊息，訂閱是呼叫【Subscribe】方法，參數 Topic 是主題，如下圖所示：

出版訊息是呼叫【Publish】方法，Topic 參數是主題；Message 參數是出版的訊息，如下圖所示：

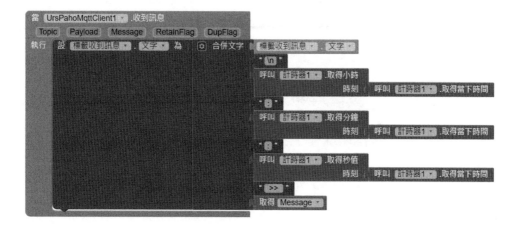

因為有訂閱主題，請新增【UrsPahoMqttClient1. 收到訊息】事件處理來接收訂閱主題的訊息，參數【Message】是收到的訊息，然後在標籤組件顯示收到的訊息，如下圖所示：

在上述訊息前加上計時器組件取得當下時間（現在時間），即時、分和秒，可以顯示 MQTT 訊息收到的時間。

11-5 整合應用：使用 MQTT 建立溫溼度監控儀表板

在這一節我們準備整合 MQTT、App Inventor 和 Node-RED 儀表板，使用 MQTT 通訊協定建立溫溼度監控儀表板，如下所示：

- App Inventor：建立 IoT 裝置，使用亂數產生溫 / 溼度後，分別使用下列 2 個 MQTT 主題來出版溫 / 溼度訊息，如下所示：

```
sensors/livingroom/temp
sensors/livingroom/humidity
```

- Node-RED 流程：建立 MQTT 客戶端流程接收 IoT 裝置的 2 個主題的溫 / 溼度資料後，在 Node-RED 儀表板繪出折線圖來監控數據。

AI2 專案：ch11_5.aia

AI2 專案是修改自 ch11_4_2.aia，在建立 MQTT 代理人連線後，按下按鈕，可以定時張貼訊息，訊息就是上述 2 個主題的溫 / 溼度訊息，這是使用亂數模擬的數值。在畫面編排保留連線介面，在下方是開始和停止發送訊息的 2 個按鈕，計時器組件預設並沒有啟用，如下圖所示：

在程式設計積木程式的 MQTT 連線部分和 11-4-2 節相同，開始和停止發送訊息按鈕的事件處理就是啟用和停用計時器，如下圖所示：

在【計時器 1. 計時】事件處理共呼叫 2 次【Publish】方法來張貼溫 / 溼度訊息，溫度範圍是 10～30；溼度範圍是 20～70，如下圖所示：

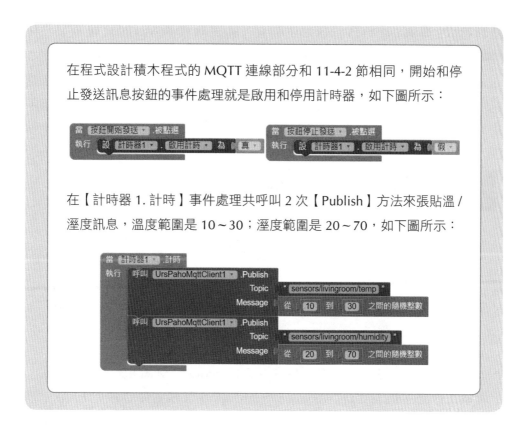

▌Node-RED 流程　　　　　　　　　　　　　| ch11-5.json

Node-RED 儀表板是在同一個折線圖繪出 2 條線，所以使用 2 個 change 節點更改 msg.topic 屬性，對應 2 個 MQTT 主題接收的資料，如下圖所示：

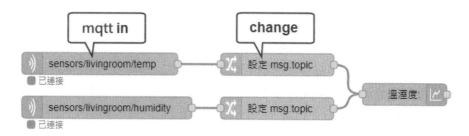

請執行 AI2 專案：ch11_5.aia 的 IoT 裝置，在成功連線 MQTT 代理人後，按【開始發送】鈕發送溫 / 溼度訊息（下圖左）。然後在 Node-RED 儀表板 http://localhost:1880/ui/，可以看到 chart 組件繪出溫 / 溼度數據的即時折線圖，每 1 秒鐘更新 1 次數據（下圖右），在上方圖例（Legend）標示 2 條折線的色彩，如下圖所示：

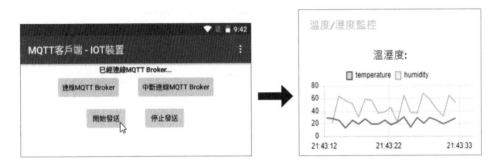

Node-RED 流程的節點說明，如下所示：

- mqtt in 節點（溫度）：在【服務端】欄選 HiveMQ 的 MQTT 代理人，【主題】欄輸入訂閱主題 sensors/livingroom/temp，指定服務品質 QoS 是 2，在【輸出】欄預設自動檢測收到訊息，如下圖所示：

- mqtt in 節點（溼度）：在【服務端】欄選 HiveMQ 的 MQTT 代理人，【主題】欄輸入訂閱主題 sensors/livingroom/humidity，指定服務品質 QoS 是 2，在【輸出】欄預設自動檢測收到訊息，如右圖所示：

- change 節點（溫度）：新增【設定】操作，將 msg.topic 屬性值改成【to the value】欄的文字列 temperature，如下圖所示：

- change 節點（溼度）：新增【設定】操作，將 msg.topic 屬性值改成【to the value】欄的文字列 humidity，如下圖所示：

- chart 節點：在【Group】欄選【[Home] 溫度 / 溼度監控】,【Label】欄輸入【溫溼度 :】，在【Type】欄選 Line chart 折線圖，只顯示最後 20 個點，因為有 2 條線，請在【Legend】欄選【Show】顯示圖例，如下圖所示：

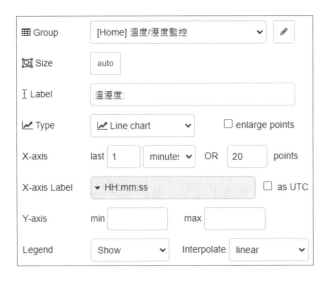

學習評量

1. 請使用圖例說明 MQTT 通訊協定。什麼是出版者？什麼是訂閱者？

2. 請簡單說明 MQTT 訊息和 MQTT 主題。什麼是 MQTT 客戶端和代理人？

3. 請問 App Inventor 是如何建立 MQTT 客戶端程式？

4. 請修改第 11-5 節的 IoT App 程式，可以產生 MQTT 主題 sensors/
   livingroom/brightness，亂數值範圍 0~1023 的亮度資料。

5. 請修改 ch11-3-2.json 的 Node-RED 流程，改用 Slider 元件輸入溫度（範
   圍是 20~38 度），來送出 MQTT 訊息的溫度資料。

6. 請擴充 11-5 節的 Node-RED 流程，新增監控亮度的功能，MQTT 主題是
   sensors/livingroom/brightness，可以接收學習評量 3. 產生的亮度資料（折
   線圖共有 3 條數據）。

取得網路資料和 AI2 圖表組件

12-1 　認識 HTTP 通訊協定

瀏覽器和網路爬蟲都是使用「HTTP 通訊協定」（Hypertext Transfer Protocol）送出 HTTP 的 GET 請求（目標是 URL 網址的網站），可以向 Web 伺服器請求所需的 HTML 網頁資源，如下圖所示：

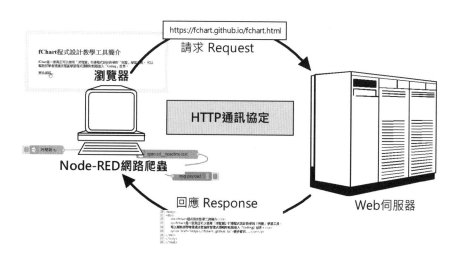

上述過程以瀏覽器來說，如同你（瀏覽器）向父母要零用錢 500 元，使用 HTTP 通訊協定的國語向父母要零用錢，父母是伺服器，也懂 HTTP 通訊協定的國語，所以聽得懂要 500 元，最後 Web 伺服器回傳資源 500 元，也就是父母將 500 元交到你手上。

Node-RED 網路爬蟲就是模擬我們使用瀏覽器來瀏覽網頁的行為，只是改用 Node-RED 流程向 Web 網站送出 HTTP 請求，在取得回應的 HTML 網頁後，剖析 HTML 網頁來擷取出所需的資料。

12-2 使用 Node-RED 取得網路資料

Node-RED 是使用 http request 和 html 節點來建立網路爬蟲，首先使用「網路」區段的 http request 節點送出 HTTP 請求來取得 HTML 網頁資料，然後使用「解析」區段的 html 節點剖析取出所需的資料。

12-2-1 使用 http request 節點取得 HTML 網頁資料

在 Node-RED 流程可以使用 http request 節點送出 HTTP 請求來取回 HTML 網頁資料，或在第 13 章執行 Web API 取回 JSON 資料。編輯 http request 節點對話方塊，如下圖所示：

上述中間的前 4 個核取方塊依序是啟用 SSL 連線、輸入使用者名稱和密碼的認證資料、啟用持久連接和設定 Proxy 伺服器。其他欄位說明如下所示：

■ 請求方式：HTTP 請求方式支援 GET、POST、PUT 和 DELETE 等方法，預設是 GET 方法。

■ URL：HTML 網頁或 Web API 的 URL 網址。

■ 內容：將 msg.payload 作為請求內容，預設值 Ignore 是忽略，我們可以將它新增成 URL 參數，或 POST 方法的表單送回資料。

■ 返回：請求的回應資料可以是 UTF-8 編碼的字串（預設值）、二進位資料（例如：圖片），或剖析的 JSON 物件。

Node-RED 流程：ch12-2-1.json 使用 http request 節點取得 https://fchart.github.io/life.html 網址的 HTML 網頁資料，如下圖所示：

上述 Node-RED 流程的執行結果，點選 inject 節點，可以在「除錯窗口」標籤頁顯示取得的 HTML 標籤字串，如下圖所示：

```
msg.payload : string[297]
▶ "<!DOCTYPE html>↵<html lang="zh-T >_
<head>↵    <meta charset="utf-8"/>↵
<title>HTML5網頁</title>↵    <style
type="text/css">↵    p  { font-size:
10pt; ↵        color: red; }↵
</style>↵</head>↵  <body>↵
<h3>HTML5網頁</h3>↵    <hr/>↵    <p>第一
份HTML5網頁</p>↵  </body>↵</html>"
```

上述圖例顯示輸出的是一個字串，點選輸出資料可以切換顯示方式，改成換行方式顯示 HTML 標籤字串，如下圖所示：

```
msg.payload : string[297]
▼ string[297]
<!DOCTYPE html>
<html lang="zh-TW ">
  <head>
    <meta charset="utf-8"/>
    <title>HTML5網頁</title>
    <style type="text/css">
    p  { font-size: 10pt;
        color: red; }
    </style>
  </head>
  <body>
    <h3>HTML5網頁</h3>
    <hr/>
    <p>第一份HTML5網頁</p>
  </body>
</html>
```

Node-RED 流程的節點說明，如下所示：

- inject/debug 節點：預設值。
- http request 節點：使用 GET 請求方式和回傳 UTF-8 編碼的字串，請在【URL】欄輸入前述的 URL 網址，如下圖所示：

12-2-2 使用 html 節點爬取 HTML 網頁資料

Google 的 Chrome 瀏覽器支援開發人員工具，可以取得指定 HTML 網頁資料的 CSS 選擇器，在 Node-RED 的 html 節點就是使用 CSS 選擇器來擷取網頁資料。編輯 html 節點對話方塊，如右圖所示：

上述【屬性】欄位是傳入節點的 HTML 標籤資料，預設是 msg.payload 屬性值，最後【輸出】下的【in】欄是輸出屬性，預設是輸出至 msg.payload。其他欄位說明如下所示：

- 選取項：在此欄就是輸入從 Chrome 取得的 CSS 選擇器字串。
- 輸出：在第 1 欄選擇擷取出什麼，可以取出 HTML 標籤內容、純文字內容，或包含 HTML 標籤屬性，第 2 欄是選輸出方式，可以輸出成單一訊息的陣列，或單一資料的多個訊息。

Node-RED 流程：ch12-2-2.json 可以爬取 Node-RED 最新版本的版號，在 Node-RED 首頁的最新版本資料是一個單一資料，如下所示：

https://nodered.org/

上述 v3.0.2 是目前的最新版本。請在 Chrome 瀏覽器按 F12 鍵切換至開發人員工具後，點選下方工具列的第 1 個圖示，即可移動游標至版本文字，可以在下方看到這是 <span> 標籤，如下圖所示：

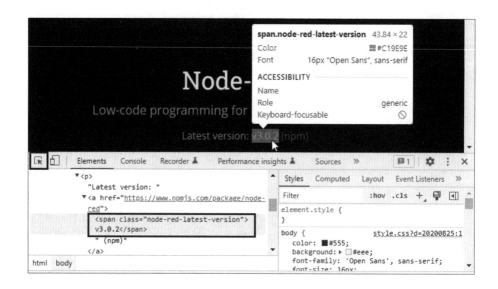

在＜span＞標籤上，執行【右】鍵快顯功能表的「Copy＞Copy selector」命令，
複製選取此資料的 CSS 選擇器字串，如下圖所示：

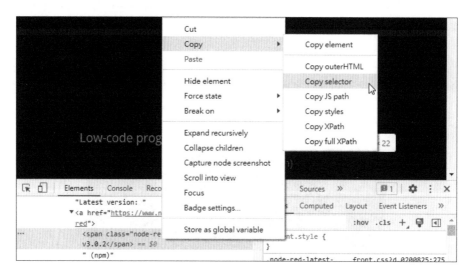

取得 Node-RED 版本的 CSS 選擇器字串，如下所示：

```
body > div.title > div > div > div > p > a > span
```

Node-RED 流程可以使用 http request 和 html 節點來建立網路爬蟲，如下圖所示：

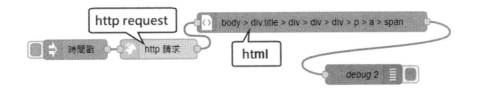

上述 Node-RED 流程的執行結果，點選 inject 節點，可以在「除錯窗口」標籤頁顯示取得的版本，這是只有 1 個元素的字串陣列（因為只有擷取出單一資料），如下圖所示：

Node-RED 流程的節點說明，如下所示：

- inject/debug 節點：預設值。
- http request 節點：使用 GET 請求方式和回傳 UTF-8 編碼的字串，請在【URL】欄輸入 https://nodered.org/。
- html 節點：請在【選取項】欄輸入前述取得的 CSS 選擇器字串，用來擷取資料，可以取出 HTML 標籤內容和輸出成單一訊息的陣列，如下圖所示：

12-3 AI2 圖表組件

AI2 圖表組件是位在「Charts」分類下的 2 個組件：Chart 組件是用來繪製圖表；
ChartData2D 子組件是繪製圖表所需的資料集，即每一條線的資料點，如下圖所
示：

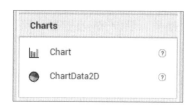

12-3-1 繪製單一資料集的圖表

在 AI2 專案：ch12_3_1.aia 可以繪製單一資料集的折線圖，資料來源是清單，可以
顯示每日的攝氏溫度，其執行結果如下圖所示：

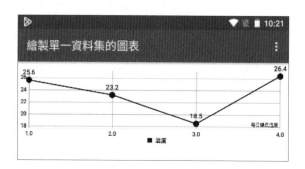

在專案的畫面編排首先拖拉新增 Chart 組件（寬度是填滿），然後拖拉 ChartData2D
組件至螢幕 Chart 組件之中，即可在「組件列表」區建立階層結構的下一層，表示
是 Chart 組件的資料來源，如右圖所示：

在 Chart 組件的【描述】屬性是說明文字,【GridEnabled】和【LegendEnabled】屬性可以切換是否顯示格線和圖例,在【種類】屬性選擇圖表種類,line 是折線圖;scatter 是散佈圖;area 是面積圖;bar 是長條圖;pie 是派圖,如下圖所示:

在 ChartData2D 組件的【Color】屬性指定此線條的色彩,在【ElementsFromPair】屬性可以直接指定線條的資料點字串,其格式是:x1,y1,x2,y2…,【Label】屬性是資料集名稱(顯示在圖例),【LineType】屬性選擇線條種類,linear 是線性;curved 是曲線;stepped 是階梯,如下圖所示:

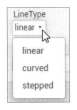

在程式設計的積木程式是呼叫【ChartData2D1.ImportFromList】方法從清單建立
資料集，這是一個巢狀清單，類似【ElementsFromPair】屬性的格式，項目依序是
x1,y1,x2,y2…，如下圖所示：

12-3-2　繪製多資料集的圖表

AI2 專案：ch12_3_2.aia 修改第 12-3-1 節的專案，可以繪製 2 個資料集的折線圖，
分別顯示溫度和溼度 2 組資料在同一張圖表，其執行結果如下圖所示：

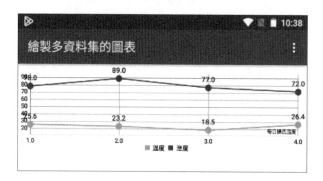

在專案的畫面編排請再拖拉一個 ChartData2D 組件至 Chart 組件之中，即可在「組
件列表」區建立階層結構，在 Chart 組件的下一層有 2 個資料來源的 ChartData2D
組件，如右圖所示：

在 ChartData2D2 組 件 是 使 用【ElementsFromPair】屬 性，直 接 指 定 資 料 點
【1,78,2,89,3,77,4,72】，如下圖所示：

12-4 AI2 網路瀏覽器組件顯示 Google 圖表

除了使用 AI2 圖表組件外，App Inventor 也可以使用 Google Chart API，在【網路
瀏覽器】組件繪製統計圖表。

12-4-1 在 AI2 瀏覽 Node-RED 儀表板

首先啟動 Node-RED 儀表板，請在 Node-RED 匯入流程：ch2-4-4a.json，在部署後可以看到儀表板介面，如下所示：

http://localhost:1880/ui

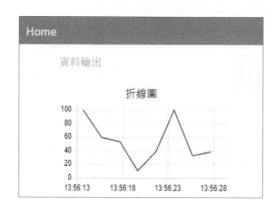

▌使用夜神 Android 模擬器瀏覽 Node-RED 儀表板

在 Android 模擬器需要使用 IP 位址瀏覽 Node-RED 儀表板，請在 Windows 下方工作列的前方搜尋欄位輸入【CMD】，按 Enter 鍵啟動「命令提示字元」視窗後，輸入【ipconfig】指令，按 Enter 鍵，可以看到本機的 IP 位址，如下圖所示：

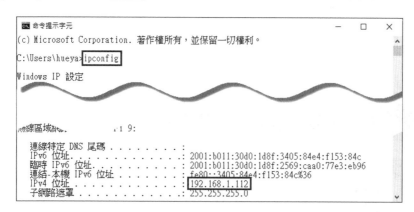

在取得本機 IP 位址 192.168.1.112 後，Node-RED 儀表板的 URL 網址，如下所示：

http://192.168.1.112:1880/ui/

在 Nox 夜神模擬器找到【瀏覽器】圖示，點選啟動瀏覽器後，輸入上述 URL 網址，即可瀏覽 Node-RED 儀表板，如下圖所示：

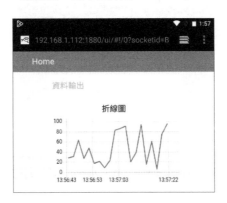

建立 AI2 專案瀏覽 Node-RED 儀表板

App Inventor 的【網路瀏覽器】組件是簡化版瀏覽器，並無法顯示 Node-RED 儀表板的監控介面，AI2 專案：ch12_4_1.aia 改用「通訊」分類的【Activity 啟動器】組件來啟動內建瀏覽器（請打包 APK 或使用模擬器來測試執行 AI2 專案），其執行結果和上一小節完全相同。

在專案的畫面編排新增非可視的 Activity 啟動器組件，如下圖所示：

程式設計的積木程式是使用 Android 意圖（Intent）來啟動內建 App，即告訴 Android 想作什麼？我們只需告知動作和資源 URI（定位資源），Android 作業系統可自行啟動可完成此意圖的內建 App。

在【Screen1. 初始化】事件處理首先設定【動作】和【資料 URI】屬性值，動作屬性的字串是 VIEW 檢視，資料 URI 屬性是定位資源的 URL 網址，換句話説，就是啟動內建 App 來檢視此 URL 網址，可用的內建 App 就是瀏覽器，如下圖所示：

當 Screen1 ▾ .初始化
執行　設 Activity啟動器1 ▾ . 動作 ▾ 為 ｜ " android.intent.action.VIEW "
　　　設 Activity啟動器1 ▾ . 資料URI ▾ 為 ｜ " http://192.168.1.112:1880/ui/ "
　　　呼叫 Activity啟動器1 ▾ .啟動Activity

上述最後呼叫【啟動 Activity】方法啟動活動，即可啟動內建瀏覽器來顯示 Node-RED 儀表板。

12-4-2　AI2 使用 Google Chart API 繪製計量表

在 AI2 圖表組件並沒有支援 Gauge 計量表的圖表，我們可以使用 Google Chart API 在 AI2 的【網路瀏覽器】組件，執行 JavaScript 程式碼來繪製 Gauge 計量表。Gauge 計量表的 URL 網址如下所示：

https://developers.google.com/chart/interactive/docs/gallery/gauge

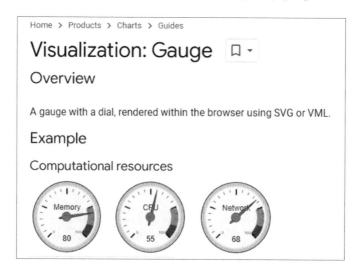

AI2 專案：ch12_4_2.aia

AI2 專案是使用「使用者介面」分類的【網路瀏覽器】組件，可以顯示和執行「素材」區上傳的 HTML 網頁和 JavaScript 程式碼，其執行結果如下圖所示：

在專案的畫面編排新增一個網路瀏覽器組件，和非可視的計時器組件，如下圖所示：

在「素材」區上傳 GaugeChart.html 和 loader.js 檔案，如下圖所示：

程式設計的積木程式初始化 2 個全域變數【URL 網址】和【溫度值】，URL 網址是使用 localhost 瀏覽「素材」區的 HTML 網頁檔案。在【Screen1. 初始化】事件處理指定網路瀏覽器組件的【首頁地址】屬性來瀏覽網頁內容，如下圖所示：

初始化全域變數 URL網址 為 " http://localhost/GaugeChart.html "

初始化全域變數 溫度值 為 0

當 Screen1 .初始化
執行 設 網路瀏覽器1 . 首頁地址 為 取得 全域 URL網址
設置 全域 溫度值 為 0

在【計時器 1. 計時】事件處理是使用亂數取得 20～50 之間的溫度值後，指定【網路瀏覽器字串】屬性值，可以將資料從 App Inventor 傳遞至 GaugeChart.html 網頁，以便在計量表顯示此溫度值，如下圖所示：

當 計時器1 .計時
執行 設置 全域 溫度值 為 從 20 到 50 之間的隨機整數
設 網路瀏覽器1 . 網路瀏覽器字串 為 取得 全域 溫度值

HTML 網頁：GaugeChart.html

JavaScript 程式 loader.js 是 Google Chart API，我們是在 GaugeChart.html 網頁檔案呼叫 Google Chart API 來顯示 Gauge 計量表，在第 7 行插入 loader.js 程式檔案，如下所示：

```
01: <!DOCTYPE html>
02: <html>
03: <head>
04: <title>Google Chart Gauge</title>
05: <meta charset="utf-8">
06: <meta name="viewport" content="width=device-width, initial-scale=1.0,
    minimum-scale=0.0, maximum-scale=100.0, user-scalable=yes">
07: <script src="loader.js"></script>
08: <script>
09: var webString;
10: google.charts.load('current', {'packages':['gauge']});
11: google.charts.setOnLoadCallback(drawChart);
```

上述第 9 行的 webString 變數是用來儲存從 App Inventor 傳遞的【網路瀏覽器字串】屬性值，在第 10 行載入 'gauge' 套件的計量表，第 11 行指定載入時呼叫的回撥函式，即下方第 12～32 行的 drawChart() 函式，如下所示：

```
12: function drawChart() {
13:     var data = google.visualization.arrayToDataTable([
14:             ['Label', 'Value'],
15:             ['溫度',  20]                    // 溫度量表
16:         ]);
```

上述第 13～16 行建立計量表資料的 DataTable 物件，這是從參數的陣列來轉換，第 1 行是標題列，'Label' 是資料集名稱；'Value' 是值，在第 15 行的第 2 行才是計量表顯示的資料，分別是 '溫度' 和 20，每一行可以繪出一個計量表。

在下方第 17～24 行建立計量表選項的 options 物件，可以指定計量表的尺寸、數值
範圍、各種色彩範圍和刻度等，如下所示：

```
17:     var options = { width: 1025, height: 308,     // 調整量表尺寸
18:                     min: 0, max:50,               // 調整數值範圍
19:                     redFrom: 40, redTo: 50,        // 調整色彩範圍
20:                     yellowFrom:30, yellowTo: 40,
21:                     greenFrom:20, greenTo: 30,
22:                     minorTicks: 2,                 // 最小和主要刻度
23:                     majorTicks: ['0', '10', '20', '30', '40', '50']
24:                 };
25:     var chart = new google.visualization.Gauge(
                            document.getElementById('chart_div'));
26:     chart.draw(data, options);
```

上述第 25 行建立 Gauge 物件，參數是顯示在第 37 行的 <div> 標籤，第 26 行呼
叫 draw() 方法繪出計量表，參數是 DataTable 和選項。

在下方第 27～32 行的 setInterval() 函式可以定時自動執行，這是以周期 1 秒鐘（第
31 行的 1000 毫秒）來更新計量表的溫度值，在第 28 行呼叫 getWebViewString()
方法取得 App Inventor 傳遞的【網路瀏覽器字串】屬性值，如下所示：

```
27:     setInterval(function() {      // 讀取 App Inventor 傳入的資料
28:         webString = window.AppInventor.getWebViewString();
29:         data.setValue(0, 1, parseInt(webString));
30:         chart.draw(data, options);
31:     }, 1000);                     // 1000是間隔1秒鐘更新資料
32: }
```

上述第 29 行呼叫 setValue() 方法更新溫度值，這是更新 DataTable 物件的資料，前
2 個參數值（0, 1）是二維索引位置，可以更新第 15 行值 20 位置的資料（因為第 1
行是標題列，資料是從索引 0 的第 2 行開始，(0, 1) 座標是第 1 行的第 2 個），在第
30 行呼叫 draw() 方法重繪計量表。在下方第 37 行就是顯示繪製計量表的 <div>
標籤，如右所示：

```
33: </script>
34: </head>
35: <body>
36: </html>
37: <div id="chart_div" style="width: 1025px; height: 308px;"></div>
38: </body>
```

12-5 整合應用：使用 Node-RED 取得網路資料繪製 AI2 圖表

我們準備使用 Node-RED 爬取 HTML 網頁的溫 / 溼度資料，然後透過 MQTT 送出這些資料，可以使用 App Inventor 圖表組件和 Google Chart API 繪出監控的計量表和折線圖。

12-5-1 在 AI2 圖表組件限制資料集的點數

在第 12-3 節的 AI2 圖表組件是使用清單來建立資料集，當資料集的點數愈來愈多時，為了避免點數太多，我們可以維護清單項目只保留最新 15 個點的資料來繪製折線圖。

AI2 專案：ch12_5_1.aia 修改第 12-3-2 節的專案，計時器組件每一秒會新增一組數據，我們會維護資料集清單，只保留最新的 15 個點，其執行結果如下圖所示：

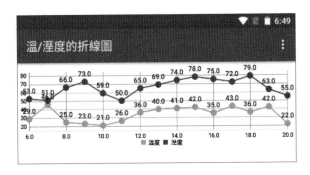

專案的畫面編排和第 12-3-2 節相似，只是多新增一個非可視的計時器組件。在程式設計的積木程式首先初始 4 個全域變數，【溫度】和【溼度】是儲存資料的 2 個巢狀清單，每一個項目是 (x, y) 座標，【最大點數】變數是只保留最新的幾個點，【計數】變數是 X 軸座標，如下圖所示：

在【計時器 1. 計時】事件處理首先呼叫【清除畫布】清除圖表，然後將計數加 1，即可呼叫【新增溫度資料】和【新增溼度資料】程序，使用亂數來新增溫 / 溼度清單的項目資料，如下圖所示：

上述積木在新增資料至清單後，再呼叫 2 次【ImportFromList】方法來繪製折線圖。因為【新增溫度資料】和【新增溼度資料】兩個程序十分相似，所以只以【新增溫度資料】程序為例，如右圖所示：

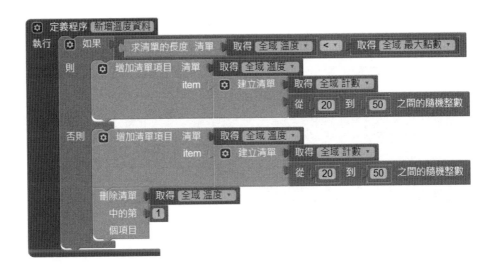

上述【如果 - 則 - 否則】二選一條件積木可以判斷點數是否超過 15 個點，如果沒有超過，就新增清單項目，項目值是清單 (x, y)，x 是計數；y 是亂數產生的溫度，如果有超過，在新增項目後，刪除清單的第 1 個項目，以便保持清單項目只有最新的 15 個。

12-5-2　在 AI2 網路瀏覽器組件同時顯示多個計量表

AI2 專案：ch12_5_2.aia 修改第 12-4-2 節的 AI2 專案，可以同時顯示溫 / 溼度的二個計量表，其執行結果如下圖所示：

上述執行結果的計量表上方是傳遞至網頁檔案的字串，這是清單的陣列。專案的畫面編排並沒有什麼不同，在程式設計的積木程式是傳遞清單資料，分別是溫度和溼度的 2 個值，如下圖所示：

HTML 網頁 GaugeChart2.html 修改自 GaugeChart.html，其主要差異是在第 14 ~ 16 行的陣列，可以看到多了第 16 行的溼度，如下所示：

```
...
08: <script>
09: var webString;
10: google.charts.load('current', {'packages':['gauge']});
11: google.charts.setOnLoadCallback(drawChart);
12: function drawChart() {
13:     var data = google.visualization.arrayToDataTable([
14:                 ['Label', 'Value'],
15:                 ['Temperature', 30],        // 溫度量表
16:                 ['Humidity', 65]            // 溼度量表
17:             ]);
```

上述第 15 行和第 16 行分別是溫度計量表和溼度計量表。在下方第 28 行呼叫 getWebViewString() 方法取得 App Inventor 傳遞的【網路瀏覽器字串】屬性值，字串內容是 JavaScript 陣列字串，第 29 行呼叫 eval() 函式，可以執行參數字串的 JavaScript 程式碼片段，即指定 web_data 變數值是傳入的陣列，如下所示：

```
27:     setInterval(function() {        // 讀取 App Inventor 傳入的資料
28:         webString = window.AppInventor.getWebViewString();
29:         eval("var web_data ="+ webString + ";")
```

```
30:        for (var i=0; i< data.getNumberOfRows();i++ ){
31:            data.setValue(i, 1, web_data[i]);
32:        }
33:        chart.draw(data, options);
34:    }, 1000);                      // 1000是間隔1秒鐘更新資料
35: }
...
```

上述第 30～31 行的 for 迴圈走訪 web_data 陣列，然後在第 31 行呼叫 setValue() 方法更新第 15～16 行 DataTable 物件的溫 / 溼度值。

12-5-3 取得 Node-RED 資料繪製 AI2 圖表

AI2 專案：ch12_5_3.aia 整合第 11-4-2 節 MQTT 訂閱和接收訊息，再加上第 12-3-2 節 AI2 圖表組件，和第 12-5-2 節的 Google Chart API 範例，可以建立手機 MQTT 控制台的監控 App，其執行結果如下圖所示：

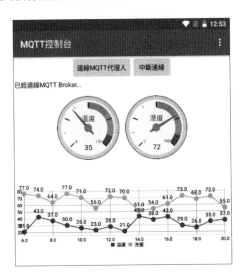

上述資料來源是使用 Node-RED 爬取 HTML 網頁的溫 / 溼度資料，可以分別顯示在 2 個計量表和折線圖來進行監控。

Node-RED 流程　　　　| ch12-5-3.json、ch12-5-3a.json

Node-RED 流程：ch12-5-3.json 建立路由「/getdata」的 Web 網站，在 function 節
點使用亂數產生溫 / 溼度後，在 template 節點的 HTML 網頁顯示溫 / 溼度值，如下
圖所示：

在部署上述 Node-RED 流程後，請啟動瀏覽器進入下列網址，可以看到網頁顯示的
溫 / 溼度，每進入一次都可以得到不同的溫 / 溼度，如下所示：

http://localhost:1880/getdata

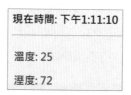

Node-RED 流程：ch12-5-3a.json 整合第 12-2-2 節 html 節點的網路爬蟲，可以從
http://localhost:1880/getdata 爬取溫 / 溼度顯示在 chart 圖表，和合併成陣列字串
後，使用 MQTT 主題【sensors/123456/data】張貼溫 / 溼度訊息，如下圖所示：

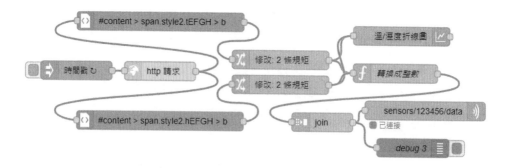

上述 Node-RED 流程的輸出結果是陣列字串，如下圖所示：

```
humidity：msg.payload：array[2]
▶ [ 41, 74 ]
```

在 Node-RED 流程的前半部就是第 12-2-2 節 HTML 網頁資料擷取，在中間是 2 個 change 節點，其 2 條規則分別指定 msg.topic 屬性值和取出陣列第 1 個元素值，即 msg.payload[0]，然後在 chart 節點繪製溫 / 溼度的折線圖，之後的 function 節點呼叫 parseInt() 函式將溫 / 溼度字串轉換成整數，如下所示：

```
msg.payload = parseInt(msg.payload)
return msg;
```

因為有 2 個訊息的整數溫度和溼度，所以使用「序列」分類的 join 節點，將 2 個訊息使用【手動】模式合併成一個訊息，即【輸出為】欄的【陣列】，因為訊息共有 2 個，所以在【達到一定數量的資訊時】欄是輸入 2，表示有 2 個訊息就合併輸出成一個陣列，如下圖所示：

AI2 專案：ch12_5_3.aia

專案的畫面編排依序是連線 MQTT 的按鈕、網路瀏覽器和 Chart 組件（2 個子 ChartData2D 組件），如下圖所示：

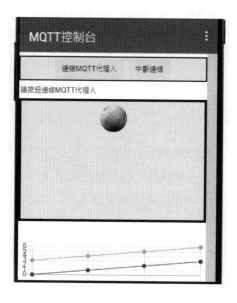

在「素材」區上傳 GaugeChart3.html 和 loader.js 檔案，GaugeChart3.html 是修改 GaugeChart3.html，更改了圖表尺寸、中文標籤和加上 <style> 樣式的置中對齊，如下所示：

```
<style>
#chart_div {
    display: block;
    margin-left: auto;
    margin-right: auto }
</style>
```

在程式設計的積木程式是改在【Screen1. 初始化】事件處理指定 MQTT 代理人 Broker 的網址，ClientID 是使用亂數來產生，如下圖所示：

MQTT 連線部分和第 11 章的範例相同，當成功連線後，就訂閱主題【sensors/123456/data】，如下圖所示：

在【UrsPahoMqttClient1. 收到訊息】事件處理可以接收 Node-RED 張貼的訊息，在判斷是【sensors/123456/data】主題後，使用「文本」分類下的【從文字 - 的第 - 位置提取長度為 - 的片段】積木，刪除陣列字串外的左右方括號，如下所示：

```
[ 41, 74 ] → 41, 74
```

上述【41, 74】是一個 CSV 列，在修改【新增溫度資料】和【新增溼度資料】程序新增【數值】參數後，即可使用【CSV 列轉清單 - 文字】積木將上述 CSV 列轉換成 2 個項目的清單，如下圖所示：

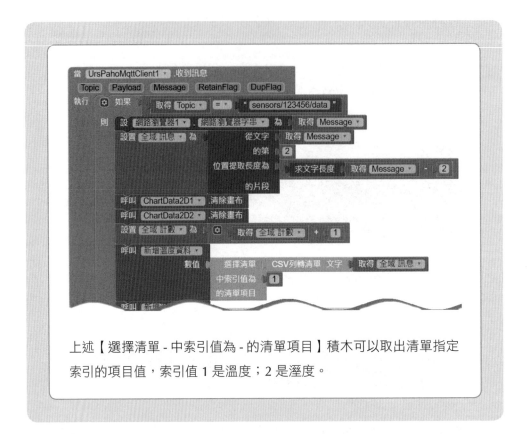

上述【選擇清單 - 中索引值為 - 的清單項目】積木可以取出清單指定索引的項目值，索引值 1 是溫度；2 是溼度。

學習評量

1. 請簡單說明什麼是 HTTP 通訊協定？ Node-RED 可以使用 ＿＿＿＿＿ 和 ＿＿＿＿＿ 節點來爬取 HTML 網頁資料。

2. 請問什麼是 AI2 圖表組件？ AI2 圖表組件繪製圖表需使用哪些組件？其功能分別為何？

3. 請問 AI2 如何建立 App 來瀏覽 Node-RED 儀表板？

4. 請問什麼是 Google Chart API ？ AI2 是如何使用 Google Chart API 來繪製 Gauge 計量表？

5. 請建立 AI2 專案，以下列座標資料，使用 AI2 圖表組件分別繪出長條圖和散佈圖，如下所示：

```
1,78,2,89,3,77,4,72
```

6. 請修改第 12-5-2 節的 AI2 專案，改為顯示 3 個 Gauge 計量表，第 3 個是亮度資料，其亂數值範圍是 0~1023。

OpenData 與 JSON 資料剖析

13-1 認識 Open Data 與 Web API

Open Data 開放資料就是資料可以免費使用，這是可以開放給社會大眾免費且自由使用的資料。一般來說，取得 Open Data 都是使用 Web API（Web Application Programming Interface），在本書的 Web API 就是第 4-4 節的 REST API。

13-1-1 Web API 的種類

Web API 就是一個 URL 存取網址，可以使用 HTTP 請求來執行其他系統提供的功能來存取資料，其使用方式如同在瀏覽器輸入 URL 網址來瀏覽網頁，其回應資料大多是 JSON 格式的資料。Web API 主要可以分成兩種，如下所示：

■ 公開 API（Public/Open API）：任何人不需註冊帳號就可以使用的 Web API，例如：第 13-3-2 節的 Google 圖書查詢服務。

■ 認證 API（Authenticated API）：需要先註冊帳號後才能使用的 Web API，帳號可能需付費或免費註冊，在註冊後，可以得到 API 金鑰（API Key），在執行 Web API 時，需要提供 API 金鑰的認證資料。

13-1-2 使用 RestMan 擴充功能測試 Web API

Google Chrome 的 RestMan 擴充功能是一個 Web API/REST API 測試工具，提供圖形化介面來送出 HTTP 請求，可以檢視回應資料和格式化顯示回應的 JSON 資料。

▍安裝 RestMan 擴充功能

在 Chrome 瀏覽器安裝 RestMan 需要進入 Chrome 應用程式商店，其步驟如下所示：

Step 1 請啟動 Chrome 輸入網址 https://chrome.google.com/webstore/，進入 Chrome 應用程式商店，在左上方欄位輸入【RestMan】搜尋擴充功能，可以在右邊看到搜尋結果，選【RestMan】。

Step 2 按【加到 Chrome】鈕新增擴充功能。

Step 3 可以看到權限說明對話方塊，按【新增擴充功能】鈕安裝 RestMan。

Step 4 稍等一下，可以看到在工具列新增擴充功能的圖示，如下圖所示：

使用 RestMan 擴充功能

當成功新增 RestMan 擴充功能後，就可以使用 RestMan 測試 HTTP 請求回應的 JSON 資料，其步驟如下所示：

Step 1 請在 Chrome 瀏覽器右上方工具列點選 RestMan 擴充功能圖示，在上方選 GET 的 HTTP 請求方法後，和其後方欄位填入 URL 網址 https://fchart.github.io/books.json 後，按游標所在的箭頭鈕來送出 HTTP 請求，如下圖所示：

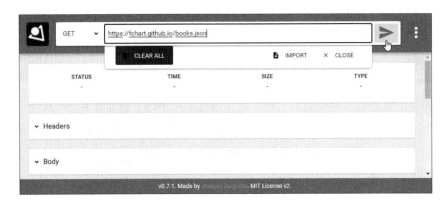

Step 2 在送出 HTTP 請求取得回應後，請捲動視窗，可以在下方檢視回應的 JSON 資料，選【JSON】標籤，可以格式化顯示 JSON 資料，如下圖所示：

```
 1 [
 2     {
 3         "title": "ASP.NET網頁程式設計",
 4         "author": "陳會安",
 5         "category": "Web",
 6         "pubdate": "06/2015",
 7         "id": "W101"
 8     },
 9     {
10         "title": "PHP網頁程式設計",
11         "author": "陳會安",
12         "category": "Web",
13         "pubdate": "07/2015",
14         "id": "W102"
15     },
16     {
17         "title": "Java程式設計",
18         "author": "陳會安",
19         "category": "Programming",
20         "pubdate": "11/2015",
21         "id": "P102"
22     },
23     {
24         "title": "Android程式設計",
25         "author": "陳會安",
26         "category": "Mobile",
27         "pubdate": "07/2015",
28         "id": "M102"
29     }
30 ]
```

JSON   XML   HTML PREVIEW   PLAIN

13-2　**AI2 的網路組件**

AI2 網路組件提供 HTTP 通訊協定的 GET、POST、PUT 和 DELETE 請求，可以讓我們從 Web 取得資料，這是位在「通訊」分類的【網路】組件。網路組件的基本操作分成二步驟：如下所示：

- 第一部分：在指定【網址】屬性值後，呼叫方法送出 HTTP 請求，主要是 GET 請求。
- 第二部分：使用【網路 1. 取得文字】或【網路 1. 取得檔案】事件處理來取得請求成功後，回應的文字資料或檔案，可以使用【回應內容】參數取得回傳字串；【檔案名稱】參數取得回傳的檔案名稱。

AI2 專案：ch13_2.aia 就是一個簡單的網路資料下載器，只需輸入 URL 網址，按【下載資料】鈕，可以在下方多行文字輸入盒顯示下載資料的 HTML 原始程式碼（下圖左），或 JSON 資料（下圖右），如下圖所示：

專案的畫面編排共新增 1 個水平配置、1 個標籤、2 個文字輸入盒（文字輸入盒 URL、文字輸入盒輸出）、1 個按鈕和 1 個非可視的網路組件，如下圖所示：

在程式設計的積木程式是在【按鈕 1. 被點選】事件處理執行 HTTP 的 GET 請求，【網址】屬性是文字輸入盒輸入的 URL 網址，如下圖所示：

```
當 按鈕1 ▼ .被點選
執行   設 網路1 ▼ . 網址 ▼ 為   文字輸入盒URL ▼ . 文字 ▼
       呼叫 網路1 ▼ .執行GET請求
```

然後新增【網路 1. 取得文字】事件處理，可以取得請求成功回傳的字串內容，如下圖所示：

```
當 網路1 ▼ .取得文字
   URL網址  回應程式碼  回應類型  回應內容
執行   ⚙ 如果      取得 回應程式碼 ▼  = ▼  200
      則  設 文字輸入盒輸出 ▼ . 文字 ▼ 為   取得 回應內容 ▼
          設 標籤輸出 ▼ . 文字 ▼ 為  " 已經成功下載網路資料 "
      否則 設 標籤輸出 ▼ . 文字 ▼ 為  " 錯誤: 請求錯誤 "
```

上述【如果 - 則 - 否則】二選一條件積木判斷參數【回應程式碼】的值是否是 200，如果是，表示請求成功，可以使用參數【回應內容】取得回傳的文字內容，這是一個字串常數；如果不是 200，就顯示錯誤訊息。

13-3 Node-RED 的 JSON 資料剖析

Node-RED 在「解析」區段提供 json 節點，可以讓我們互轉 JSON 字串和 JavaScript 陣列。

13-3-1 使用 json 節點剖析 JSON 資料

Node-RED 的 json 節點可以將輸入的 JSON 字串轉換成 JavaScript 物件，或將輸入的 JavaScript 物件轉換成 JSON 字串，如下圖所示：

第 13-1-2 節已經使用 RestMan 測試 https://fchart.github.io/books.json 的圖書資料，這是一個 JSON 陣列，擁有 4 本圖書的 4 個 JSON 物件。Node-RED 流程：ch13-3-1. json 可以取回和剖析 JSON 資料後，顯示第 1 本圖書的書號和書名，如下圖所示：

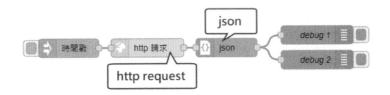

上述 Node-RED 流程的執行結果，點選 inject 節點，可以在「除錯窗口」標籤頁看到剖析取回的 JSON 資料，顯示第 1 本圖書的書名和書號，如下圖所示：

```
2022/10/1 下午8:52:59  node: debug 2
msg.payload[0].title : string[13]
  "ASP.NET網頁程式設計"

2022/10/1 下午8:52:59  node: debug 1
msg.payload[0].id : string[4]
  "W101"
```

Node-RED 流程的節點說明，如下所示：

- inject 節點：預設值。
- http request 節點：使用 GET 請求方式和回傳 UTF-8 編碼的 JSON 字串，請在 【URL】欄輸入 https://fchart.github.io/books.json。
- json 節點：在【操作】欄選【JSON 字串與物件互轉】，將 JSON 字串轉換成 JavaScript 物件，以此例是 4 個圖書物件的 JavaScript 物件陣列，如下圖所示：

- 2 個 debug 節點：分別輸出索引 0 的第 1 本圖書的書號和書名，即 msg. payload[0].id 和 msg.payload[0].title，如下圖所示：

13-3-2 使用 Google 圖書查詢的 Web API

Google 圖書查詢的 Web API 可以輸入書名的關鍵字來查詢圖書資料。

▌使用 Google 圖書查詢的 Web API

在這一節是使用 Google 圖書查詢的 Web API 來查詢 HTML 圖書資料，其存取網址如下所示：

https://www.googleapis.com/books/v1/volumes?maxResults＝3&q＝HTML&projection＝lite

上述 URL 參數 q 是關鍵字 HTML；maxResults 參數是最多回傳幾筆；projection 參數值 lite 是傳回精簡版本的查詢結果。請使用 RestMan 顯示查詢 HTML 圖書的格式化 JSON 資料，如下圖所示：

```
 1  {
 2      "kind": "books#volumes",
 3      "totalItems": 784,
 4      "items": [
 5          {
 6              "kind": "books#volume",
 7              "id": "h-7su_xPagsC",
 8              "etag": "Ua9rR9RuvlU",
 9              "selfLink": "https://www.googleapis.com/books/v1/volumes/h-7su_xPagsC",
10              "volumeInfo": {
11                  "title": "HTML For Dummies",
12                  "authors": [
13                      "Ed Tittel",
14                      "Stephen J. James"
15                  ],
16                  "publisher": "For Dummies",
17                  "publishedDate": "1997",
18                  "description": "New Web authoring tools such as Claris Home Page, Microsoft F
19                  "readingModes": {
20                      "text": false,
21                      "image": false
22                  },
```

上述查詢結果是一個 JSON 物件，其分析結果如下所示：

- 圖書資料是 "items" 鍵的 JSON 物件陣列。
- 陣列的每一個 JSON 物件是一本圖書。
- 每一本圖書資料是 "volumeInfo" 鍵的 JSON 物件，如下所示：
  - "title" 鍵是書名。
  - "author" 鍵是作者（其值是字串陣列）。
  - "publisher" 鍵是出版商。
  - "publishedDate" 鍵是出版日。

使用 Google 圖書查詢服務　　　　　　　　　　　| ch5-4.json

Node-RED 流程在取回和剖析 Google 圖書查詢的 JSON 資料後，顯示查詢結果第 1 本圖書的相關資訊，此流程的 http request 節點是直接回傳剖析的 JSON 物件，所以不需要使用 json 節點，如下圖所示：

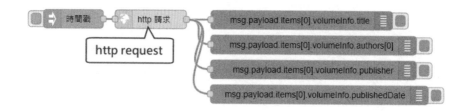

上述 Node-RED 流程的執行結果，點選 inject 節點，可以在「除錯窗口」標籤頁看到剖析取回的 JSON 資料，顯示查詢結果第 1 本圖書的資料，如下圖所示：

Node-RED 流程的節點說明，如下所示：

- inject 節點：預設值。
- http request 節點：使用 GET 請求方式，在【URL】欄輸入 Google 圖書查詢 Web API 的 URL 網址後，【返回】欄選【JSON 對象】，即可回傳剖析的 JSON 物件，如右圖所示：

- 4 個 debug 節點：分別輸出索引 0 的第 1 本圖書的書名、作者、出版商和出版日期，如下所示：

```
msg.payload.items[0].volumeInfo.title
```
```
msg.payload.items[0].volumeInfo.authors[0]
```
```
msg.payload.items[0].volumeInfo.publisher
```
```
msg.payload.items[0].volumeInfo.publishedDate
```

13-4　AI2 字典剖析 JSON 資料

App Inventor 字典（簡稱 AI2 字典）積木的主要功能之一就是剖析 JSON 資料。在【網路】組件提供【JsonTextDecodeWithDictionaries】方法來剖析 JSON 資料成為 AI2 字典，如下圖所示：

上述積木程式將回應內容的 JSON 資料剖析成字典變數【JSON 資料】後，就可以使用字典積木來取出 JSON 物件和陣列。

13-4-1　使用 AI2 字典剖析 JSON 資料

當成功將網路取得的 JSON 資料轉換成 AI2 字典後，我們可以使用第 9-5-1 節的字典積木來剖析 JSON 資料。

▎剖析單一 JSON 物件　　　　　　　　　　　　| ch13_4_1.aia

AI2 專案只是單純剖析回傳 JSON 資料的單一 JSON 物件。RestMan 測試的 URL 網址，如下所示：

https://fchart.github.io/json/Example.json

```
1 {
2     "name": "Joe Chen",
3     "score": 95,
4     "tel": "0933123456"
5 }
```

上述 JSON 物件在轉換成 AI2 字典後，可以使用 name、score 和 tel 鍵來取出值。AI2 專案的執行結果可以在下方顯示取得的 JSON 資料，請按【剖析 JSON】鈕，就可以在上方顯示取出的姓名和分數，如下圖所示：

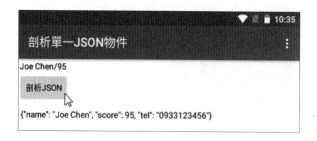

在程式設計的積木程式是使用字典的【取得字典 - 中對應於鍵 - 的值，如果沒找到則回傳】積木，即可使用鍵來取值，如右圖所示：

▌ 剖析巢狀 JSON 物件　　　　　　　　　　　　| ch13_4_1a.aia

當回傳的 JSON 資料是巢狀 JSON 物件，即鍵的值是
另一個 JSON 物件。RestMan 測試的 URL 網址，如下
所示：

```
1 {
2     "Boss": "陳會安",
3     "School": {
4         "name": "USU",
5         "year": "2015"
6     }
7 }
```

https://fchart.github.io/json/Example2.json

上述 JSON 物件在轉換成 AI2 字典後，School 鍵的值是另一個 JSON 物件。AI2 專
案的執行結果可以在上方顯示取出 Boss 鍵的姓名，和 School 鍵下一層的 name 和
year 鍵的值，如下圖所示：

在程式設計的積木程式首先使用字典的【取得字典 - 中對應於鍵 - 的值，如果沒
找到則回傳】積木取出 Boss 鍵的值，然後重複使用 2 次相同的積木，分別取出
School 鍵下的 name 和 year 鍵的值，如下圖所示：

剖析 JSON 陣列和物件陣列　　　　　　　　　　| ch13_4_1b.aia

在回傳的 JSON 資料中，Classes 鍵是一個 JSON 陣列，Employees 鍵是 JSON 物件陣列。RestMan 測試的 URL 網址，如下所示：

https://fchart.github.io/json/Example3.json

```
1  {
2      "Employees": [
3          {
4              "name": "陳允傑",
5              "age": 22
6          },
7          {
8              "name": "江小魚",
9              "age": 21
10         },
11         {
12             "name": "陳允東",
13             "age": 24
14         }
15     ],
16     "Classes": [
17         "5.01",
18         "15.02",
19         "8.21"
20     ]
21 }
```

AI2 專案的執行結果可以在上方顯示 Classes 鍵的第 1 個陣列元素（即 AI2 清單的第 1 個項目），Employees 鍵 JSON 物件陣列中，第 1 個 JSON 物件的 name 和 age 鍵的值，如下圖所示：

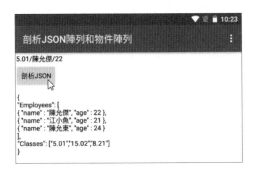

在程式設計的積木程式首先使用字典的【取得字典 - 中對應於鍵 - 的值，如果沒找到則回傳】積木取出 Classes 和 Employees 鍵的值，因為是清單，所以再使用【選擇清單 - 中索引值為 - 的清單項目】積木，以索引位置來取出值（從 1 開始），如下圖所示：

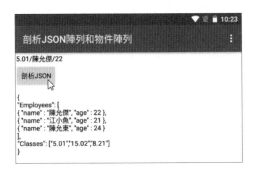

剖析 JSON 資料是 JSON 物件陣列　　　　| ch13_4_1c.aia

當回傳的 JSON 資料並不是一個 JSON 物件，而是多個 JSON 物件的 JSON 物件陣列。RestMan 測試的 URL 網址，如下所示：

https://fchart.github.io/json/Example4.json

```
1  [
2      {
3          "name": "Joe Chen",
4          "score": 95,
5          "tel": "0933123456"
6      },
7      {
8          "name": "Mary Chen",
9          "score": 75,
10         "tel": "0944123456"
11     },
12     {
13         "name": "Tom Lee",
14         "score": 55,
15         "tel": "09553123456"
16     }
17 ]
```

AI2 專案的執行結果可以在上方依序顯示取出 3 個 JSON 物件的 name 鍵值，如下圖所示：

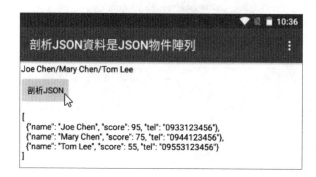

在程式設計的積木程式因為 AI2 字典是多個字典項目的清單，所以首先使用【選擇清單 - 中索引值為 - 的清單項目】積木，以索引位置 1 來取出第 1 個字典後，再使用【取得字典 - 中對應於鍵 - 的值，如果沒找到則回傳】積木取出 name 鍵的值，如右圖所示：

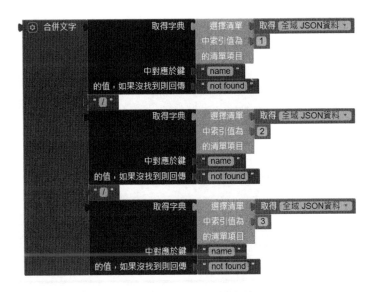

13-4-2　使用鍵路徑剖析 JSON 資料

從第 13-4-1 節的 AI2 專案可以看出剖析 JSON 資料，就是找出 JSON 值的鍵路徑，然後依據鍵的路徑來取出資料。RestMan 測試的 URL 網址，如下所示：

https://fchart.github.io/json/School.json

```
1  {
2      "Boss": "陳會安",
3      "School": {
4          "name": "USU",
5          "year": "2015"
6      },
7      "Employees": [
8          {
9              "name": "陳允傑",
10             "age": 22
11         },
12         {
13             "name": "江小魚",
14             "age": 21
15         },
16         {
17             "name": "陳允東",
18             "age": 24
19         }
20     ],
21     "Classes": [
22         "5.01",
23         "15.02",
24         "8.21"
25     ]
26 }
```

從上述 JSON 資料鍵的階層結構，可以找出值 USU、2015 和陳允東資料所在位置的鍵路徑，如下所示：

USU：School→name
2015：School→year
陳允東：Employees→3→name

以上述【陳允東】的值為例，我們需要先取得 Employees 鍵的值，即物件陣列，因為是第 3 個項目，所以使用索引 3 取出第 3 個 JSON 物件，即可使用 name 鍵來取出姓名。

AI2 專案：ch13_4_2.aia 是使用清單建立鍵路徑，然後使用鍵路徑來剖析 JSON 資料，其執行結果可以在上方顯示上述 3 個鍵路徑取出的值，如下圖所示：

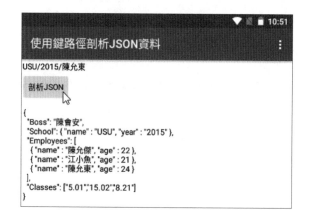

在程式設計的積木程式是使用【取得字典 - 中對應於鍵路徑 - 的值，如果沒找到則回傳】積木取出鍵路徑的值，鍵路徑是使用清單來建立，如右圖所示：

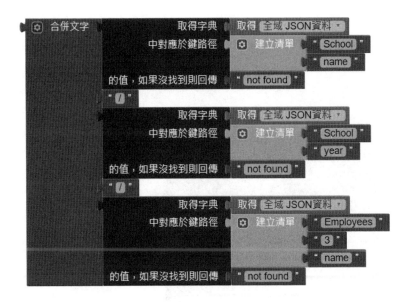

13-4-3 使用 AI2 字典剖析 Google 圖書資料

AI2 專案：ch13_4_3.aia 改用 AI2 字典來剖析第 13-3-2 節的 Google 圖書資料，在輸入關鍵字 HTML 後，按【搜尋】鈕，可以顯示查詢結果的第 1 本圖書資訊的書名、作者和封面，其執行結果如下圖所示：

在專案的畫面編排是使用水平和垂直配置來編排搜尋表單，和查詢結果的圖書資訊，如下圖所示：

在程式設計的積木程式就是剖析 JSON 資料找出 JSON 值的鍵路徑，例如：圖書名稱 title 鍵的完整路徑，如下所示：

```
items→1→volumeInfo→title
```

上述路徑從 items 鍵取出清單後，值 1 是清單的第 1 個元素，然後取出之下的 volumeInfo 鍵，即可取出 title 鍵的書名，可以使用清單建立的鍵路徑來取出 JSON 值，如下圖所示：

因為 AI2 支援積木可以將 CSV 資料列轉換成清單，所以鍵路徑可以改成 CSV 資料列，例如：取出圖書作者鍵路徑的 CSV 列，如下所示：

```
items,1,volumeInfo,authors
```

上述積木先使用【CSV 列轉清單 - 文字】積木轉換成鍵路徑清單後，即可使用鍵路徑取出作者。最後是取出圖書封面鍵路徑的 CSV 列，如下所示：

```
items,1,volumeInfo,imageLinks,thumbnail
```

13-5　整合應用：取得 JSON 資料繪製 AI2 圖表

在第 12-5 節是整合 Node-RED 爬取 HTML 網頁的溫 / 溼度資料，然後透過 MQTT 送出這些資料，可以使用 App Inventor 圖表組件和 Google Chart API 繪出監控的計量表和折線圖。

AI2 專案：ch13_5.aia 修改 ch12_5_3.aia，將 MQTT 訊息的 JavaScript 陣列值字串，改成 JSON 資料後，使用 AI2 字典剖析 JSON 資料來取出溫 / 溼度，可以建立手機 MQTT 控制台的監控 App，其執行結果如下圖所示：

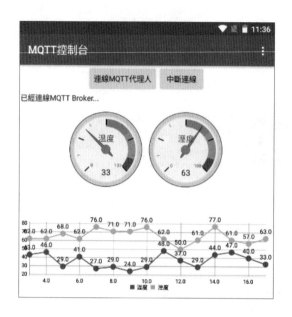

上述資料來源是使用 Node-RED 爬取 HTML 網頁的溫 / 溼度資料，可以分別顯示在 2 個計量表和折線圖來進行遠端監控。

Node-RED 流程　　　　　　　　　　　| ch12-5-3.json、ch13-5.json

Node-RED 流程是從 http://localhost:1880/getdata 爬取溫 / 溼度資料（即 Node-RED 流程：ch12-5-3.json）顯示在 chart 圖表，和合併建立 JSON 資料後，使用 MQTT 主題【sensors/123456/data】張貼溫 / 溼度訊息，如下圖所示：

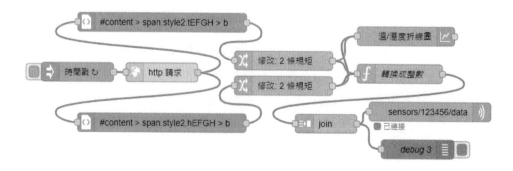

上述 Node-RED 流程的輸出結果是 JSON 資料，如下圖所示：

```
humidity : msg.payload : Object
▶ { temperature: 23, humidity: 78 }
```

在 Node-RED 流程只需修改 join 節點，將 2 個訊息使用【手動】模式合併成一個 JSON 資料的訊息，即在【輸出為】欄改為【鍵值對對象】，可以將 2 個訊息合併成 JSON 資料，如下圖所示：

模式	手動 ⌄
合併每個	⌄ msg. payload
輸出為	鍵值對對象 ⌄
使用此值	msg. topic　作為鍵
發送資訊:	
• 達到一定數量的資訊時	2
☐ 和每個後續的消息	

AI2 專案：ch13_5.aia

專案的畫面編排和 ch12_5_3.aia 完全相同，只是新增【網路】組件來剖析 JSON 資料成為 AI2 字典。在程式設計部分修改積木程式來剖析 MQTT 訊息的 JSON 資料，可以取出溫 / 溼度資料建立成 CSV 列。

在【UrsPahoMqttClient1. 收到訊息】事件處理接收 Node-RED 張貼的訊息後，當判斷是【sensors/123456/data】主題後，就呼叫【網路 1.【JsonTextDecodeWithDictionaries】方法，剖析【Message】參數的 JSON 資料成為 AI2 字典變數【JSON 資料】，如下圖所示：

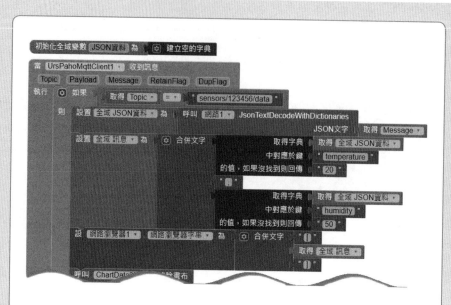

上述【訊息】變數值是使用【合併文字】和【取得字典 - 中對應於鍵 - 的值，如果沒找到則回傳】積木建立成 CSV 列，其格式如下所示：

溫度, 溼度

【網路瀏覽器字串】屬性值是在 CSV 列前後加上方框建立成 JavaScript 陣列字串，其格式如下所示：

[溫度, 溼度]

✎ 學習評量

1. 請簡單說明什麼是 Open Data 和 Web API？我們為什麼需要 RestMan 擴充功能？

2. 請問 Node-RED 流程是如何剖析 JSON 資料？

3. 請問 AI2 是如何剖析 JSON 資料？什麼是鍵路徑？

4. 請修改 ch5-4.json 的 Node-RED 流程，可以顯示第 2 本圖書的資料。

5. 請建立 AI2 專案剖析下列 URL 網址的台北天氣資料，可以顯示 description 鍵的天氣描述、temp 鍵的溫度和 humidity 鍵的溼度，如下所示：

   `https://fchart.github.io/json/TaipeiWeather.json`

6. 請擴充第 13-5 節的整合應用，在 Node-RED 流程的儀表板新增 2 個 Gauge 元件，可以建立和 AI2 專案相同的監控介面。

Firebase 雲端即時資料庫

14-1 申請與使用 Firebase 即時資料庫

Firebase 支援 Android、iOS 和網頁 App，可以協助 App 開發者在雲端快速建置後端所需的即時資料庫，Firebase 即時資料庫是 NoSQL 資料庫，資料可以在所有客戶端之間即時同步。

Firebase 即時資料庫的資料是 JSON 格式，可以即時同步到每一個連接的客戶端，所有客戶端都共享同一個即時資料庫，和自動接收最新的資料更新。

申請 Firebase 即時資料庫

我們只需擁有 Google 帳號，就可以建立專案來使用 Firebase 即時資料庫，其步驟如下所示：

Step 1 請啟動瀏覽器進入 https://firebase.google.com/，按【Get started】鈕。

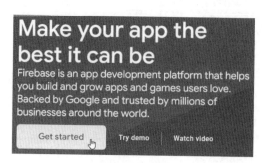

Step 2 在輸入電郵地址和密碼登入 Google 帳戶後，按【建立專案】鈕建立專案。

Step 3 輸入專案名稱，如果已經有同名專案，在下方專案名稱會自動在名稱後加上隨機字串的字尾，請勾選 2 個核取方塊接受條款，按【繼續】鈕。

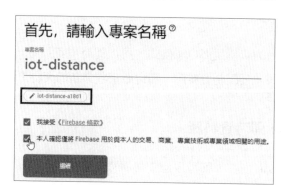

Step 4 啟用專案的分析功能後，按【繼續】鈕。

Step 5 在數據分析位置選【台灣】，勾選【我接受 Google Analytics（分析）的條款】，按【建立專案】鈕建立專案。

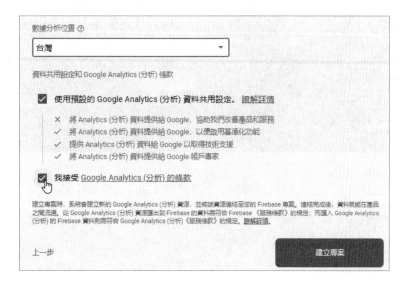

Step 6 請稍等一下，等到專案建立後，按【繼續】鈕。

新增 Firebase 即時資料庫

在 Firebase 新增專案後，就可以新增 Firebase 即時資料庫，其步驟如下所示：

Step 1 在左邊展開【建構】，選【Realtime Database】，在右邊按【建立資料庫】鈕。

Step 2 設定資料庫位置，預設是美國，不用更改，按【下一步】鈕。

Step 3 選【以測試模式啟動】後，按右下方【啟用】鈕啟用資料庫。

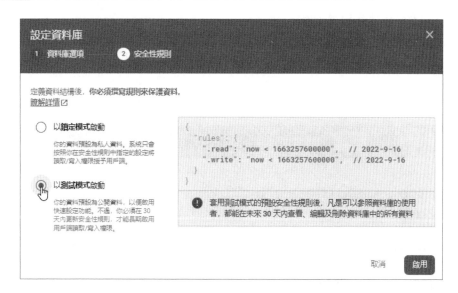

Step 4 稍等一下，當成功啟用即時資料庫後，可以看到主控台，在【資料】標籤看到的是 Firebase 即時資料庫的網址：iot-distance-???-default-rtdb。

Step 5 選【規則】標籤，將 .read 和 .write 規則都改成 true 後，按上方【發布】
鈕，可以看到已經成功發布規則。

```
資料    規則    備份    用量


編輯規則    監控規則


尚未發布的變更        發布    捨棄                              規則模擬工具

  1 ▼    {
  2 ▼      "rules": {
  3          ".read": true,
  4          ".write": true,
  5        }
  6    }
```

使用 Firebase 即時資料庫

當成功建立 Firebase 即時資料庫後，請切換至【資料】標籤來使用 Firebase 即時資
料庫。Firebase 即時資料庫儲存的資料是 JSON 物件，這是可以擁有很多層的巢狀
結構，如下所示：

```
{
  "profile" : {
      "name" : "Peter",
      "email" : { "address" : "pete@demo.com",
                  "verified" : true }
  }
}
```

上述巢狀結構是一棵 JSON 樹，如同檔案的階層結構，我們可以將各層的鍵
（Keys）抽出成為一個鍵路徑，而鍵路徑就是 Firebase 即時資料庫用來定位 address
和 verified 資料所在的位置，如下所示：

```
/profile/email/address
/profile/email/verified
```

■ 新增資料：選【 + 】號輸入鍵和值後，按【新增】鈕新增資料，如下圖所示：

■ 新增階層資料：選【 + 】號輸入鍵，不用輸入值，直接選【 + 】號新增下一層的
鍵和值後，按【新增】鈕新增子階層的資料，如下圖所示：

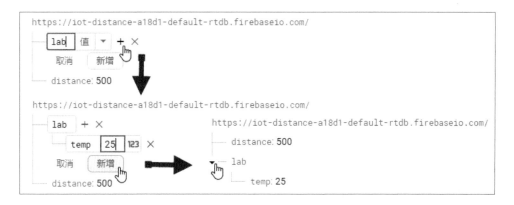

■ 編輯修改資料：直接點選值，就可以修改資料。

■ 刪除資料：按【垃圾桶】圖示，再按【刪除】鈕確認後，即可刪除資料，如下
所示：

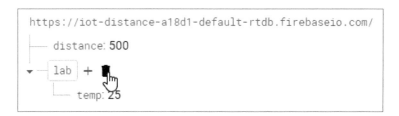

14-2 使用 REST API 存取 Firebase 即時資料庫

Node-RED 和 AI2 都可以使用 REST API 呼叫，來存取 Firebase 即時資料庫。REST API 的基礎 URL 網址，如下所示：

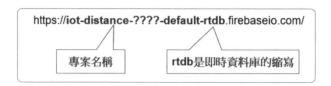

在這一節是使用第 13-1-2 節的 RestMan 擴充功能，直接呼叫 REST API 來新增、更新、刪除和讀取 Firebase 即時資料庫的資料。

▍匯入 JSON 資料：members.json

在 Firebase 即時資料庫可以匯入 JSON 資料檔 members.json（請注意！匯入的 JSON 資料會覆寫資料庫的資料），其步驟如下所示：

Step 1 請在【資料】標籤的主控台，點選右上角垂直 3 點的圖示後，執行【匯入 JSON】命令（執行【匯出 JSON】命令是匯出資料）。

Step 2 點選【瀏覽】選擇「\ch14\members.json」檔案後，按【匯入】鈕匯入 JSON 資料。

Step 3 匯入 JSON 資料會覆寫所有資料，在展開後，可以看到我們匯入的資料。

▌新增資料：PUT 方法

PUT 方法是新增資料，例如：新增 Members 下的 M4，鍵路徑是：Team-IOT/Members/M4，新增的 JSON 物件，如下所示：

```
{
    "City": "高雄",
```

```
    "Name": "Jane"
}
```

完整的 URL 網址，如下所示：

https://<rtdb 名稱 >.firebaseio.com/Team-IOT/Members/M4.json

在 RestMan 是選【PUT】方法，和輸入 URL 網址後，展開 Body，在【RAW】標籤
輸入 JSON 物件，即可送出 HTTP PUT 請求，如下圖所示：

在 Firebase 即時資料庫可以看到最後新增的 M4，如下圖所示：

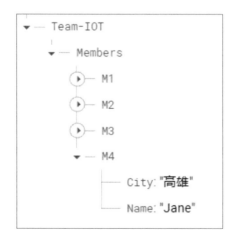

▌讀取資料：GET 方法

GET 方法是讀取 Firebase 即時資料庫的 JSON 資料，例如：讀取 M3 的 JSON 物件，鍵路徑是：Team-IOT/Members/M3。其完整的 URL 網址，如下所示：

https://＜rtdb 名稱 ＞.firebaseio.com/Team-IOT/Members/M3.json

在 RestMan 是選【GET】方法，和輸入 URL 網址後，即可送出 HTTP GET 請求，可以在 Response 區段看到回傳的 M3 資料，如下圖所示：

▌更新資料：PATCH 方法

PATCH 方法是更新資料，例如：更新 M1 的 City 鍵，從桃園改成新竹，鍵路徑是：Team-IOT/Members/M1，更新的 JSON 物件，如下所示：

```
{ "City":"新竹" }
```

完整的 URL 網址，如下所示：

https://＜rtdb 名稱 ＞.firebaseio.com/Team-IOT/Members/M1.json

在 RestMan 是選【PATCH】方法，和輸入 URL 網址後，展開 Body，在【RAW】標籤輸入更新的 JSON 物件，即可送出 HTTP PATCH 請求，如下圖所示：

在 Firebase 即時資料庫可以看到 M1 已經更新 City 資料，如下圖所示：

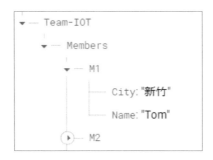

刪除資料：DELETE 方法

DELETE 方法是刪除資料，例如：刪除之前新增的 M4，鍵路徑是：Team-IOT/Members/M4，完整的 URL 網址，如下所示：

https://< rtdb 名稱 >.firebaseio.com/Team-IOT/Members/M4.json

在 RestMan 是選【DELETE】方法，和輸入 URL 網址後，即可送出 HTTP DELETE 請求，如下圖所示：

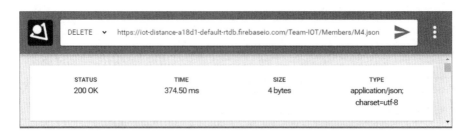

在 Firebase 即時資料庫可以看到最後的 M4 已經刪除。

▌新增自動產生鍵的資料：POST 方法

PUT 請求只能新增或更新單一資料，如果需要保留每一次的新增資料，請使用 POST 方法來送出請求，此時的 Firebase 即時資料庫會自動替每次存入的資料新增一個隨機的鍵，例如：新增 M1～M3 的 Scores 分數資料，鍵路徑是：Team-IOT/Scores，新增的 JSON 物件，如下所示：

```
{
  "M1":89,
  "M2":78,
  "M3":68
}
```

完整的 URL 網址，如下所示：

https://＜rtdb 名稱＞.firebaseio.com/Team-IOT/Scores.json

在 RestMan 是選【POST】方法，和輸入 URL 網址後，展開 Body，在【RAW】標籤輸入 JSON 物件，即可送出 HTTP POST 請求，如下圖所示：

在 Firebase 即時資料庫可以看到在 Scores 下新增自動產生的鍵，然後在此鍵之下才是新增的 JSON 物件，如下圖所示：

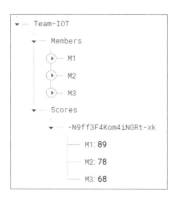

請在 RestMan 再執行一次 HTTP POST 請求，可以看到新增第 2 筆不同鍵的資料，如下圖所示：

14-3 使用 Node-RED 存取 Firebase 即時資料庫

Node-RED 可以使用 http request 節點或自行安裝 node-red-contrib-firebase-data 的
【Add Firebase】節點來存取 Firebase 即時資料庫。

▌http request 節點存取 Firebase 即時資料庫　　　│ch14-3.json

Node-RED 流程是使用 http request 節點送出第 14-2 節的 REST API 來存取 Firebase
即時資料庫,在匯入 members.json 後,即可依序執行下列 Node-RED 流程,其執
行結果和第 14-2 節完全相同,如下圖所示:

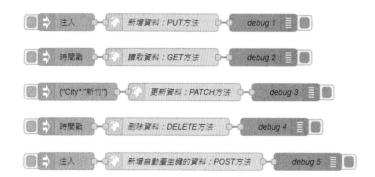

上述 PUT 和 POST 方法的流程都是在 inject 節點建立新增資料的 JSON 物件,
PATCH 方法是在 inject 節點指定更新的 JSON 物件,和指定 payload.method 屬性
值的 PATCH 方法(下圖左),在 http request 節點的【請求方式】欄位請選【- 用
msg.method 設定 -】,如下圖右所示:

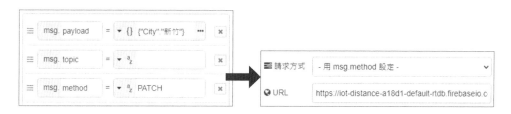

Add Firebase 節點存取 Firebase 即時資料庫　　　| ch14-3a.json

請先在 Node-RED 節點管理安裝 node-red-contrib-firebase-data 節點後，即可在「Firebase」分類新增【Add Firebase】節點，Node-RED 流程是使用此節點實作第 14-2 節操作來存取 Firebase 即時資料庫，如下所示：

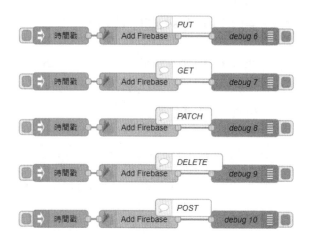

上述 Add Firebase 節點需要先新增 firebaseCertifcate 節點，其欄位資料就是第 14-1 節申請建立的 Firebase 即時資料庫，如下圖所示：

上述【Firebase】欄位是輸入第 14-1 節新增的 Firebase 即時資料庫。然後在 Add Firebase 節點使用【Child Path】欄位指定鍵路徑來存取 Firebase 即時資料庫，如右圖所示：

上述【Method】欄位是 HTTP 方法，set 是 PUT；get 是 GET；update 是 PATCH；remove 是 DELETE；push 是 POST，【Data】欄位是新增或更新的 JSON 物件。

14-4　使用 AI2 存取 Firebase 即時資料庫

在 AI2 可以使用【網路】組件送出第 14-2 節的 REST API 來存取 Firebase 即時資料庫。AI2 專案：ch14_4.aia 的執行結果和第 14-2 節完成相同。

在專案的畫面編排是使用表格配置組件編排 5 個按鈕組件來送出 HTTP 請求，最下方是標籤組件，和一個非可視的網路組件，如下圖所示：

在程式設計的積木程式首先新增【網路 1. 取得文字】事件處理，可以在標籤組件顯示 HTTP 請求的回應內容。然後新增【按鈕 1. 被點選】事件處理，呼叫【執行 PUT

文字請求 - 文字】方法送出 PUT 請求，文字參數是新增資料的 JSON 物件，即 AI2 字典，如下圖所示：

當 網路1 .取得文字
URL網址 回應程式碼 回應類型 回應內容
執行 設 標籤1 . 文字 為 取得 回應內容

當 按鈕1 .被點選
執行 設 網路1 . 網址 為 " https://iot-distance-a18d1-default-rtdb.firebase…
呼叫 網路1 .執行PUT文字請求
文字 建立一個字典 鍵 " City 值 " 高雄
鍵 " Name 值 " Jane

【按鈕 2. 被點選】事件處理是呼叫【執行 GET 請求】方法送出 GET 請求，如下圖所示：

當 按鈕2 .被點選
執行 設 網路1 . 網址 為 " https://iot-distance-a18d1-default-rtdb.firebase…
呼叫 網路1 .執行GET請求

【按鈕 3. 被點選】事件處理是呼叫【PatchText】方法送出 PATCH 請求，文字參數是更新資料的 AI2 字典，如下圖所示：

當 按鈕3 .被點選
執行 設 網路1 . 網址 為 " https://iot-distance-a18d1-default-rtdb.firebase…
呼叫 網路1 .PatchText
文字 建立一個字典 鍵 " City 值 " 新竹

在【按鈕 4. 被點選】事件處理是呼叫【刪除】方法送出 DELETE 請求，如下圖所示：

當 按鈕4 .被點選
執行 設 網路1 . 網址 為 " https://iot-distance-a18d1-default-rtdb.firebase…
呼叫 網路1 .刪除

【按鈕 5. 被點選】事件處理是呼叫【執行 POST 文字請求】方法送出 POST 請求，文字參數是新增資料的 AI2 字典，如下圖所示：

14-5　整合應用：使用 Firebase 即時資料庫進行資料交換

我們準備修改第 11-5 節的整合應用，將 AI2 模擬的 IoT 值改存入 Firebase 即時資料庫，然後在 Node-RED 讀取 Firebase 即時資料庫的資料來顯示監控儀表板。

AI2 專案：ch14_5.aia

AI2 專案是修改 ch11_5.aia，刪除 MQTT 連線介面和擴充套件、對話框組件，新增【網路】組件。當按下按鈕，可以定時將溫 / 溼度資料存入 Firebase 即時資料庫，這是使用亂數模擬的數值，REST API 呼叫是 PUT 方法，其 URL 網址如下所示：

https://iot-distance-a18d1-default-rtdb.firebaseio.com/sensors.json

在畫面編排只保留 2 個開始和停止發送訊息鈕，計時器組件預設並沒有啟用，如下圖所示：

在程式設計的積木程式新增開始和停止發送資料的按鈕的事件處理，就是分別啟用和停用計時器，如下圖所示：

在【計時器 1. 計時】事件處理，呼叫【執行 PUT 文字請求】方法送出 PUT 請求，文字參數是新增資料的 AI2 字典，temp 溫度範圍是 10～30；humidity 溼度是 20～70，如下圖所示：

▌Node-RED 流程　　　　　　　　　　　　| ch14-5.json

Node-RED 流程是修改 ch11-5.json，將 MQTT 節點改成取得 Firebase 即時資料庫的溫 / 溼度資料，如下圖所示：

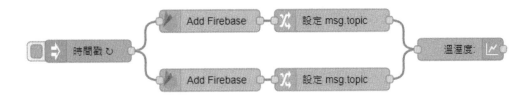

請執行 AI2 專案：ch14_5.aia 的 IoT 裝置，按【開始發送】鈕開始發送溫 / 溼度訊息（下圖左）。在 Node-RED 儀表板 http://localhost:1880/ui/ 可以看到繪出溫 / 溼度數據的即時折線圖，每 1 秒鐘更新 1 次數據（下圖右），如下圖所示：

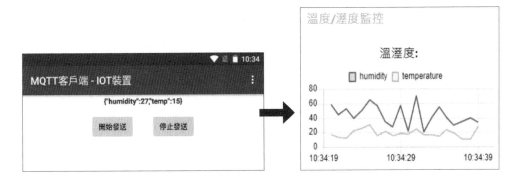

上述 Node-RED 流程的 inject 節點自動間隔 1 秒鐘來啟動流程，在上方的 Add Firebase 節點可以取得溫度，【Child Path】欄位值是【sensors/temp】，如下圖所示：

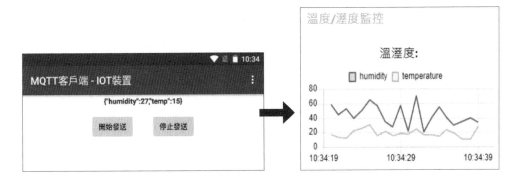

在下方的 Add Firebase 節點可以取得溼度，【Child Path】欄位值是【sensors/ humidity】，如下圖所示：

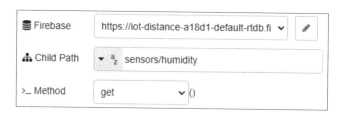

學習評量

1. 請問什麼是 Firebase 即時資料庫？如何使用 REST API 存取 Firebase 即時資料庫？

2. 請問 Node-RED 是如何存取 Firebase 即時資料庫？

3. 請問 AI2 是如何存取 Firebase 即時資料庫？

4. 請參閱第 14-1 節的說明和步驟新增本章範例的 Firebase 即時資料庫。

5. 請擴充 14-5 節的整合應用，首先修改 AI2 專案新增 brightness 亮度資料（亂數值範圍 0~1023），和存入 Firebase 即時資料庫，然後修改 Node-RED 流程讀取 Firebase 即時資料庫的亮度資料來繪出即時折線圖（折線圖共有 3 條數據）。

PART

4

AIoT 應用開發：Node-RED
+ App Inventor 2 智慧物聯網

Node-RED 與 App Inventor 2 人工智慧應用

15-1　認識 TensorFlow 與 TensorFlow.js

TensorFlow 是 Google Brain Team 小組開發，一套開放原始碼和高效能的數值計算函式庫，一個機器學習框架，之所以稱為 TensorFlow，這是因為其輸入 / 輸出的運算資料是向量、矩陣等多維度的數值資料，稱為張量（Tensor），機器學習模型需要使用一種低階運算描述的流程圖來描述訓練過程的數值運算，稱為計算圖（Computational Graphs），Tensor 張量就是經過這些 Flow 流程的數值運算來產生輸出結果，稱為：Tensor + Flow = TensorFlow。

在實務上，我們可以使用 Python 或 JavaScript 語言搭配 TensorFlow（JavaScript 版的 TensorFlow 稱為 TensorFlow.js）來開發機器學習專案，在硬體運算部分不只支援 CPU，也支援顯示卡 GPU 和 Google 客製化 TPU（TensorFlow Processing Unit）來加速機器學習的訓練（在瀏覽器是使用 WebGL，Node.js 才支援 GPU），如下圖所示：

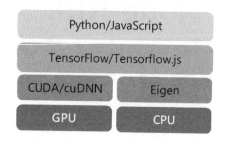

上述圖例的 TensorFlow 在 CPU 執行是使用低階 Eigen 函式庫來執行張量運算，GPU 是使用 NVIDA 開發的深度學習運算函式庫 cuDNN。

15-2 相關 Node-RED 節點的安裝與使用

在建立第 15-3 節和第 16-1-2 節 Node-RED 人工智慧應用的流程前，我們需要在 Node-RED 安裝和使用相關支援的 Node-RED 節點。

15-2-1 預覽和註記圖片

Node-RED 可以在【節點管理】安裝 node-red-contrib-image-output 節點來預覽圖片，node-red-node-annotate-image 節點是註記圖片內容。

▌ 使用 image 節點預覽圖片　　　　　　　　　　　| ch15-2-1.json

Node-RED 流程可以使用「輸出」區段的 image 節點來預覽圖片，圖片是使用 read file 節點載入圖檔，只需點選 inject 節點，即可看到預覽的圖檔內容，其執行結果如右圖所示：

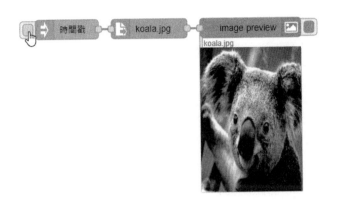

Node-RED 流程的節點說明，如下所示：

- read file 節點：讀取【檔案名】欄的檔案，圖檔 koala.jpg 是位在本書套件 Node.js 的「\NodeJS\Data」路徑，因為是讀取圖檔的二進位資料，所以輸出是一個 Buffer 物件（文字請選 utf8 編碼的一個字串），如下圖所示：

- image preview 節點：即 image 節點，【Property】欄是圖片內容來源的屬性名稱，【Width】欄指定圖片寬度，高度會自動依比例調整，如下圖所示：

▌使用 annotate image 節點註記圖片　　　　　| ch15-2-1a.json

Node-RED 流程可以使用「utility」區段的 annotate image 節點來註記圖片，我們需要建立 msg.annotations 屬性值替圖片註記標籤，和新增長方形或圓形外框（在第

15-3 節是用來註記辨識結果的圖片），如下所示：

```
[
  {
    "label": "cat",
    "bbox": [
        4.735950767993927,
        27.59294629096985,
        330.78828209638596,
        242.19613552093506
    ],
    "labelLocation": "top"
  }
]
```

上述屬性值是一個陣列，每一個元素是一個物件，label 是標籤文字；bbox 是外框座標；labelLocation 是標籤顯示位置（top 是上方；bottom 是下方）。

當 Node-RED 流程使用 read file 節點載入 cat.jpg 圖檔（位在本書套件 Node.js 的「\NodeJS\Data」路徑）後，使用 change 節點建立 msg.annotations 屬性值，即可在圖片內容加上註記，然後在 image 節點預覽註記後的圖片內容，點選 inject 節點可以看到執行結果，如下圖所示：

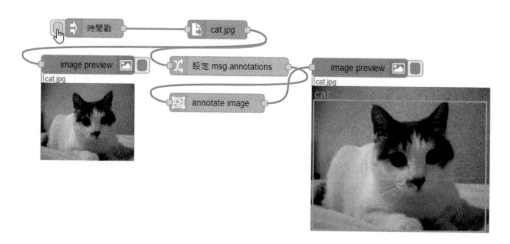

Node-RED 流程的節點說明，如下所示：

- change 節點：使用【設定】操作，指定 msg.annotations 屬性值就是前述的 JSON 資料（點選欄位後的【…】可以開啟編輯器），如下圖所示：

- annotate image 節點：預設值，如果需要，可以自行指定註記的框線色彩和寬度，字型色彩和尺寸，如下圖所示：

15-2-2 選擇作業系統檔案

Node-RED 的 node-red-contrib-browser-utils 節點是支援瀏覽器功能的相關工具節點，提供 file inject 節點選擇作業系統檔案，如此就不需要使用 read file 節點來指定圖檔路徑。

Node-RED 流程：ch15-2-2.json 使用「輸入」區段的 file inject 節點，讓使用者自行選擇作業系統檔案，請點選 file inject 節點前的按鈕開啟對話方塊，可以選擇位在「\ch15\images\」目錄的 dog4.jpg 圖檔，即可看到預覽圖片，如下圖所示：

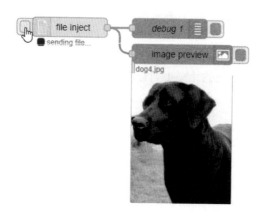

在「除錯窗口」標籤可以看到圖片內容的 Buffer 資料，如下圖所示：

```
msg.payload : buffer[29269]
▶ [ 255, 216, 255, 224, 0, 16,
74, 70, 73, 70 … ]
```

Node-RED 流程的節點說明，如下所示：

■ file inject 節點：預設值，只支援 Name 屬性的節點名稱。

15-2-3 內嵌框架

Node-RED 的 node-red-node-ui-iframe 節點可以建立 HTML 內嵌框架 ＜iframe＞ 標籤，如此即可在 Node-RED 儀表板嵌入其他網站或 Node-RED 流程建立的 Web 網站，可以支援我們建立第 16-1-2 節的 Node-RED 流程。

在 Node-RED 流程：ch15-2-3.json 共有 2 個流程，第 1 個流程是靜態 Web 網頁，第 2 個流程只有 1 個 iframe 節點，可以內嵌顯示第 1 個流程的 Web 網頁內容，如下圖所示：

Node-RED 程式執行結果的網址是 http://127.0.0.1:1880/ui/，可以在儀表板看到 IFrame 元件顯示的網頁內容，如下圖所示：

Node-RED 流程的節點說明，如下所示：

- http in 節點：建立 Web 網站的路由，在【請求方式】欄選 HTTP 方法 GET 方法，在【URL】欄位輸入路由「/hello」，如下圖所示：

- template 節點：建立 Web 網頁內容，輸入的 HTML 標籤就是回應資料（沒有使用 Mustache 模板，只有單純 HTML 標籤），如下所示：

```html
<html>
    <head>
        <title>Hello</title>
    </head>
    <body>
        <h1>我的Hello World!網頁</h1>
    </body>
</html>
```

- http response 節點：使用預設值，可以建立 msg.payload 屬性值的 HTTP 回應給瀏覽器。
- iframe 節點：在【Group】欄選【[Home] IFrame】（請自行新增名為 IFrame 的群組），【URL】欄是第 1 個流程的 URL 網址 http://localhost:1880/hello，在【Scale】欄設定縮放尺寸，如下圖所示：

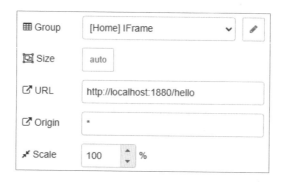

15-2-4 使用 Webcam 網路攝影機

在 Node-RED 只需安裝 node-red-node-ui-webcam 節點，就可以在儀表板開啟 Webcam 網路攝影機來擷取圖片。Node-RED 流程：ch15-2-4.json 在使用 webcam 節點擷取圖片後，可以在 image 節點預覽取得的圖片內容，如下圖所示：

Node-RED 流程的 URL 網址是 http://localhost:1880/ui/，請點選 webcam 圖示啟用 攝影機，就可以看到影像內容，如下圖所示：

點選右下角相機圖示擷取目前影像，可以在 image 節點預覽擷取的圖片內容，如下圖所示：

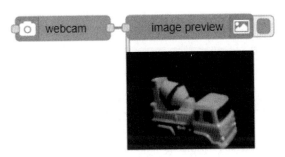

Node-RED 流程的節點說明，如下所示：

■ webcam 節點：在【Group】欄選【[Home] WebCam】（請自行新增名為 WebCam 的群組）後，在【Size】欄輸入尺寸（最大 10x10），如下圖所示：

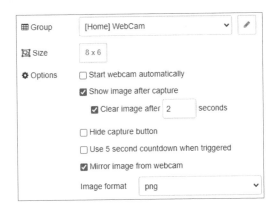

上述 Options 選項設定的說明，如下表所示：

選項	說明
Start webcam automatically	自動啟動 Webcam
Show image after capture	在擷取圖片後，顯示圖片
Clear image after seconds	顯示圖片幾秒鐘後清除圖片
Hide capture button	隱藏擷取圖片按鈕
Use 5 second countdown when triggered	使用 5 秒倒數來擷取圖片

選項	說明
Mirror image from webcam	使用鏡像圖片，即左右相反
Image format	選擇輸出的圖片格式

15-3 Node-RED 人工智慧應用

COCO-SSD 預訓練模型是 Google 公司移植「物件偵測 API」（Object Detection API）的 COCO-SSD 模型，資料集是使用 COCO；SSD 是基於 MobileNet 或 Inception 的 SSD 模型（Single Shot Multi-box Detector），可以在單一圖片上識別出多個物件。

Node-RED 支援多種 TensorFlow.js 預訓練模型的節點，因為版本和模組相依問題，請勿同時安裝這些節點（因為當同時安裝多種節點時，並無法保證可正確的執行），在本節是使用 node-red-contrib-tfjs-coco-ssd 節點來使用 COCO-SSD 預訓練模型，如下圖所示：

▌使用 COCO-SSD 預訓練模型識別圖片上的物件　　　| ch15-3.json

Node-RED 流程在使用 file inject 節點選擇圖片後，使用 image 節點預覽選擇圖片，即可送入 tfj coco ssd 節點來識別出圖片分類，然後使用 annotate image 節點在圖片上加上註記框線和分類文字後，使用 image 節點顯示註記後的圖片，即圖片的識別結果。

請點選 file inject 節點選取 JPG 圖片，可以看到預覽圖片和之後標示識別出物件 Tie 和 Person 的圖片，如下圖所示：

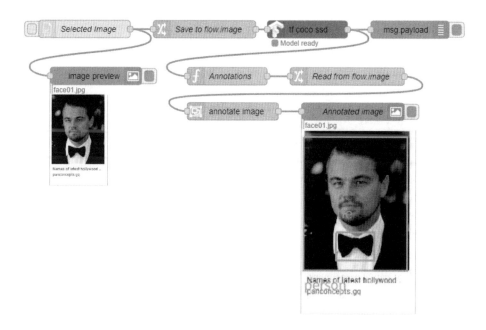

在「除錯窗口」標籤頁可以看到 2 個物件的識別結果，如下圖所示：

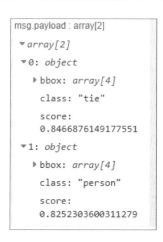

Node-RED 流程的節點說明，如下所示：

- file inject 節點（Selected Image）：在【Name】欄輸入 Selected Image。
- image 節點（image preview）：在【Width】欄輸入寬度是 100，如下圖所示：

- change 節點（Save to flow.image）：使用【設定】操作，將圖片內容的 msg. payload 屬性值指定給 flow.image 變數先儲存起來，如下圖所示：

- tf coco ssd 節點：預設值，其辨識結果就是 msg.payload 屬性值（因為會取代原圖片內容，所以使用 flow.image 變數先儲存圖片內容）。
- debug 節點：預設值。
- function 節點：請輸入下列 JavaScript 程式碼取出辨識結果的 class 分類屬性和繪出物件外框線座標的 bbox 屬性，COCO-SSD 預訓練模型可以在單一圖片識別出多個物件，所以 msg.paylaod 屬性值是一個陣列，需要使用 for 迴圈來取出所有識別出的物件，如下所示：

```
msg.annotations = []
for (i = 0; i < msg.payload.length; i++) {
    var obj = {}
    obj.label = msg.payload[i].class;
    obj.bbox = msg.payload[i].bbox;
    msg.annotations[i] = obj;
```

```
    }
return msg;
```

上述 msg.annotations 屬性值是一個陣列，其值是用來在 annotate image 節點標示每一個物件的外框和顯示分類名稱。在 for 迴圈的 msg.payload.length 屬性值是識別出的物件數，各物件的 label 屬性就是 class 分類；bbox 屬性就是 bbox，最後新增至 msg.annotations 屬性值。

- change 節點（Read from flow.image）：使用【設定】操作，將 flow.image 變數儲存的圖片再回存至 msg.payload 屬性，如下圖所示：

- annotate image 節點：預設值，可以指定標示的框線色彩、寬度；字型色彩和尺寸，這是使用 msg.annotations 屬性值在 msg.payload 屬性值的圖片（只支援 JPEG 格式）上標示註記。
- image 節點（Annotated image）：在【Width】欄輸入寬度是 200。

Node-RED 流程：ch15-3a.json 改用儀表板的 Webcam 節點來取得圖片，和標記圖片。Node-RED 流程：ch15-3b.json 自動每 5 秒從 Webcam 擷取一張圖片來進行識別。

15-4 App Inventor 2 人工智慧應用

AI2 可以使用 AI 人工智慧擴充套件來建立 Android App，這是使用已訓練好的機器學習模型來建立人工智慧的相關應用。AI2 官方支援的 AI 人工智慧擴充套件，其 URL 網址如下所示：

https://mit-cml.github.io/extensions/

Name	Description	Author	Version	Download .aix File	Source Code
	Supported:				
BluetoothLE	Adds as Bluetooth Low Energy functionality to your applications. See BluetoothLE Documentation and Resources for more information.	MIT App Inventor	20200828	BluetoothLE.aix	Via GitHub
LookExtension	Adds object recognition using a neural network compiled into the extension.	MIT App Inventor	20181124	LookExtension.aix	Via GitHub
PersonalAudioClassifier	Use your own neural network classifier to recognize sounds with this extension.	MIT App Inventor	20200904	PersonalAudioClassifier.aix	Via GitHub
PersonalImageClassifier	Use your own neural network classifier to recognize images with this extension.	MIT App Inventor	20210315	PersonalImageClassifier.aix	Via GitHub
PosenetExtension	Estimate pose with this extension.	MIT App Inventor	20200226	Posenet.aix	Via GitHub
FaceMeshExtension	Estimate face landmarks with this extension.	MIT App Inventor	20210414	Facemesh.aix	Via GitHub

在這一節準備說明【LookExtension】、【PosenetExtension】和【FaceMeshExtension】三個擴充套件，請在上述表格的「Download .aix File」欄下載 .aix 檔，在「ch15/extensions」子目錄就是這三個檔案。

15-4-1 物體識別

AI2 物體識別是使用 TensorFlow.js 預訓練模型的【LookExtension-20181124.aix】擴充套件，此組件需要使用【網路瀏覽器】組件來執行。在 AI2 新增專案後，請參閱第 11-4-1 節步驟來匯入擴充套件的【Look】組件（因為檔案比較大，需等待一段時間來上傳和匯入），如下圖所示：

【Look】組件可以識別影片（Video）或圖片（Image）中的物體（InputMode 屬性），因為是使用 TensorFlow.js 預訓練模型，組件需要在【WebViewer】欄位新增

和指定【網路瀏覽器】組件來執行物體識別，如下圖所示：

AI2 專案：ch15_4_1.aia 使用【Look】組件透過【網路瀏覽器】組件啟用相機來進行影像的物體識別，請稍等一下，等待模型載入後，可以看到相機的影像，如下圖所示：

按【點選執行識別】鈕顯示識別結果，第 1 個就是最可能的分類，以此例是 Scissors，然後移動手機，當影像中看到欲識別物體時，請再按一次按鈕，即可再次看到影像識別結果，第 2 次識別出時鐘 Clock。

在專案的畫面編排共新增 3 個標籤、1 個按鈕和 1 個網路瀏覽器組件來建立使用介面，下方是非可視的 Look 和對話框組件，如下圖所示：

在程式設計的積木程式首先在【Screen1. 初始化】事件處理停用按鈕組件，【Look1.ClassifierReady】事件處理是當成功載入模型後觸發，可以啟用按鈕來進行物體識別，【Look1.Error】事件處理是當有錯誤時觸發，可以用來顯示錯誤訊息，如下圖所示：

在【按鈕識別．被點選】事件處理是呼叫【Look1.ClassifyVideoData】方法來進行物體識別，當識別出物體後，我們是在【Look1.GotClassification】事件處理顯示識別結果，即參數【返回結果】的巢狀清單，如下圖所示：

15-4-2　人臉偵測

AI2 人臉偵測是使用【edu.mit.appinventor.ai.facemesh.aix】擴充套件的【FaceExtension】組件，目前此組件只支援影片偵測，一樣需要在【網路瀏覽器】組件來執行，如下圖所示：

AI2 專案：ch15_4_2.aia 使用【FaceExtension】組件透過【網路瀏覽器】組件啟用相機來偵測人臉，請稍等一下等待模型載入後，可以看到相機的影像（在【畫布】組件顯示影像），當影像中偵測到人臉時，可以看到紅點標示臉部的 6 個關鍵點，如下圖所示：

在專案的畫面編排共新增 2 個標籤、1 個水平配置、1 個畫布（用來繪出點和線的圖形）和 1 個網路瀏覽器組件來建立使用介面，下方是非可視的 FaceExtension 組件，如下圖所示：

在程式設計的積木程式是在【FaceExtension1.ModelReady】事件處理成功載入模型後，切換成【Back】後相機，【FaceExtension1.Error】事件處理可以用來顯示錯誤訊息，如右圖所示：

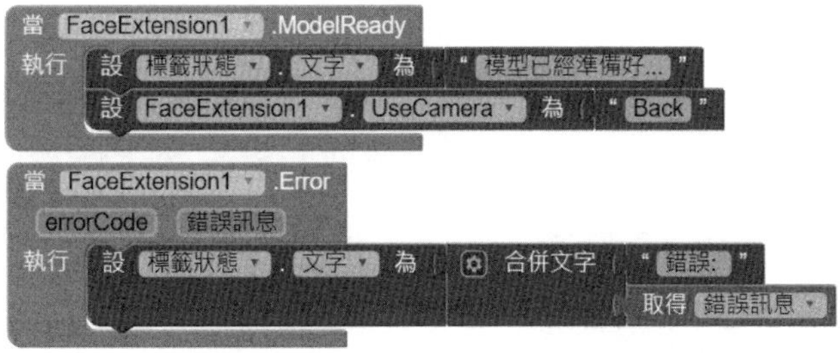

在【FaceExtension1.VideoUpdated】事件處理是當網路瀏覽器組件開啟的視訊有更新時，清除畫布和更新背景成為目前的視訊內容（即【FaceExtension1. 背景圖片】屬性值），如下圖所示：

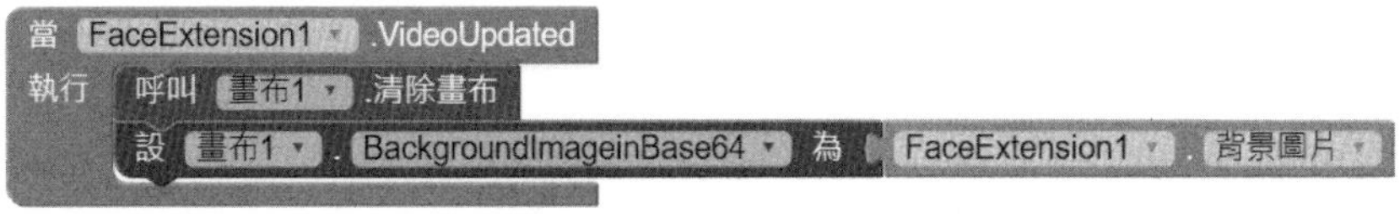

【FaceExtension1.FaceUpdated】事件處理是更新偵測出的人臉，這是呼叫【繪出關鍵點】程序在畫布繪出指定關鍵點屬性座標的紅點，共繪出 6 個關鍵點，如下圖所示：

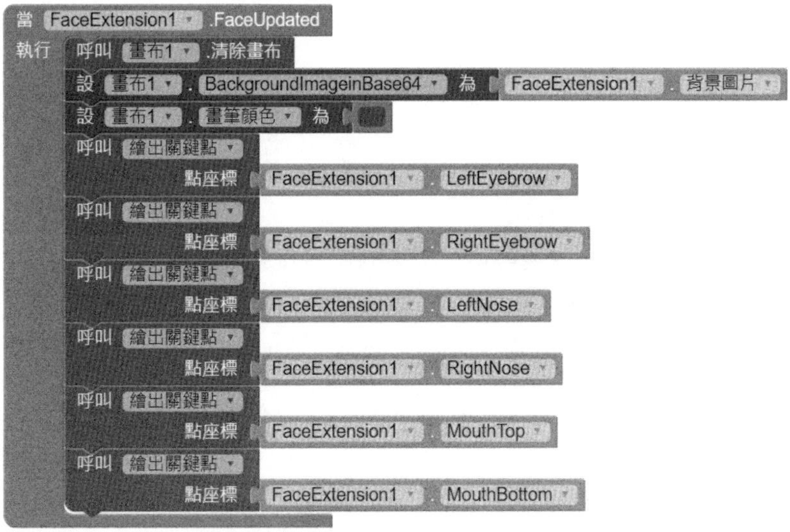

在【繪出關鍵點】程序是呼叫【畫布1.畫點】方法來繪出參數【點座標】清單的紅點（前 2 個元素分別是 x 和 y 座標），因為後相機偵測出的人臉是左右相反，所以使用畫布寬度減掉取出的 x 座標來計算出正確的 x 座標，如下圖所示：

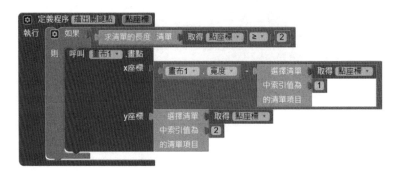

15-4-3 人體姿勢偵測

AI2 人體姿勢偵測是使用【edu.mit.appinventor.ai.posenet.aix】擴充套件的【PosenetExtension】組件，目前此組件只支援影片偵測，而且需固定尺寸 250 X 300，一樣是在【網路瀏覽器】組件來執行，如下圖所示：

AI2 專案：ch15-4-3.aia 人體姿勢偵測專案的使用介面與程式結構和第 15-4-2 節人臉偵測十分相似，只是改用【PosenetExtension】組件。其執行結果可以看到偵測出的人體姿勢（繪在【畫布】組件），如右圖所示：

積木程式是在【PosenetExtension1.PoseUpdated】事件處理更新偵測出的人體姿勢,這是呼叫【繪出骨架】和【繪出關鍵點】程序在畫布繪出黃色連接線,和紅色關鍵點,如下圖所示:

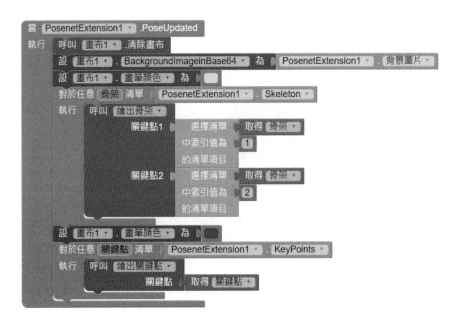

上述積木程式使用 2 個【對於任意-清單】迴圈積木來走訪【Skeleton】和【KeyPoints】屬性值的座標清單，第 1 個是繪出連接線；第 2 個是繪出關鍵點，如下所示：

■ 【繪出骨架】程序：呼叫【畫布1.畫線】方法來繪出 2 個關鍵點之間的連接線，如下圖所示：

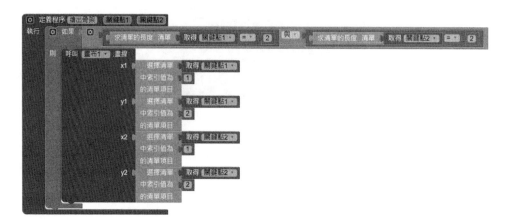

■ 【繪出關鍵點】程序：和第 15-4-2 節同名程序相似，只是 x 座標沒有處理左右相反的座標計算，如下圖所示：

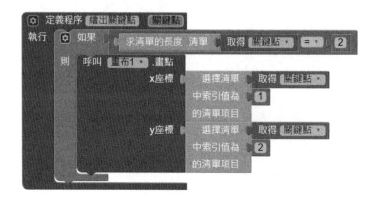

學習評量

1. 請説明什麼是 TensorFlow？何謂 TensorFlow.js？

2. Node-RED 可以使用 ＿＿＿＿＿＿＿ 節點來預覽圖片，＿＿＿＿＿＿＿ 節點註記圖片內容，＿＿＿＿＿＿＿＿ 節點可以在儀表板開啟 Webcam 網路攝影機來擷取圖片。

3. 請問什麼是 HTML 內嵌框架？物體偵測 COCO-SSD 是什麼？

4. 請簡單説明 AI2 官方支援的 AI 人工智慧擴充套件有哪些？

5. 請參考第 15-3 節的説明和範例，建立一個 Node-RED 流程，可以識別和計算出 Webcam 擷取圖片中的人數。

6. 請修改第 15-4-1 節的 AI2 專案，只顯示識別出的可能性超過 0.5 的分類，如果沒有，就顯示沒有識別出物體。

AIoT 智慧物聯網：
訓練你自己的人工智慧
模型

▶ 16-1 Node-RED 與 Teachable Machine 機器學習
▶ 16-2 AI2 的 Personal Image Classifier 個人影像分類

16-1 Node-RED 與 Teachable Machine 機器學習

Teachable Machine 是 Google 開發的網頁 AI 人工智慧工具，不需要任何專業知識和撰寫程式碼，就可以替網站和應用程式訓練機器學習模型，支援分類圖片、辨識姿勢和分類聲音。

在這一節我們準備使用 Teachable Machine 訓練機器學習模型，可以分類剪刀、石頭和布的圖片。然後在 Node-RED 儀表板執行 Tensorflow.js 程式來使用我們自行訓練的機器學習模型，可以使用 Webcam 即時分類影像的圖片是剪刀、石頭或布。

16-1-1 使用 Teachable Machine 訓練機器學習模型

首先我們需要使用 Teachable Machine 訓練一個可以分類剪刀、石頭和布圖片的機器學習模型。

▌步驟一：新增專案和選擇機器學習模型的類型

Teachable Machine 在新增專案後，就可以選擇機器學習模型的種類，其步驟如下
所示：

Step 1 請啟動瀏覽器進入網址 https://teachablemachine.withgoogle.com/，按【Get
Started】鈕開始新增專案。

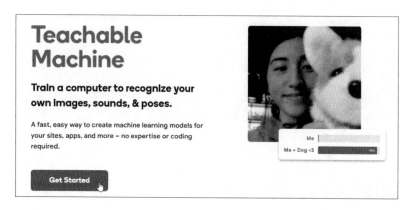

Step 2 選第 1 個【Image Project】分類圖片專案，Audio Project 是分類聲音；Pose
Project 是辨識姿勢。

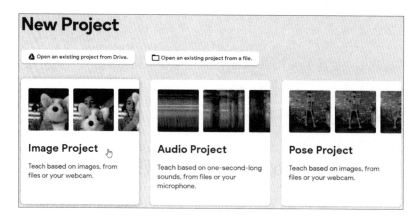

Step 3 再選【Standard image model】建立標準的圖片模型。

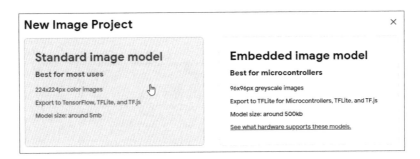

Step 4 可以看到 Teachable Machine 機器學習的模型訓練介面，如下圖所示：

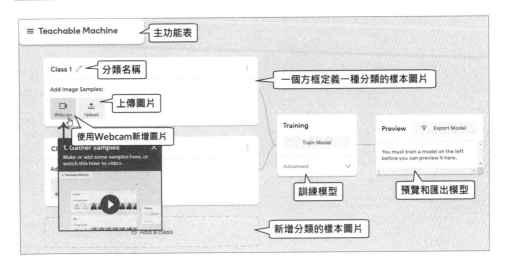

▌步驟二：建立分類和新增各分類的樣本圖片

在新增專案和選擇模型種類後，我們需要建立分類來新增樣本圖片，以剪刀、石頭
或布來說，一共需要建立三種分類，然後在各分類使用 Webcam 來新增樣本圖片，
其步驟如下所示：

Step 1 點選方框左上角的筆形圖示 ✎ ，來修改分類名稱，請將第 1 個分類 Class 1 改成【Rock】石頭；第 2 個改成【Paper】布，點選下方虛線框的【Add a class】新增一個分類。

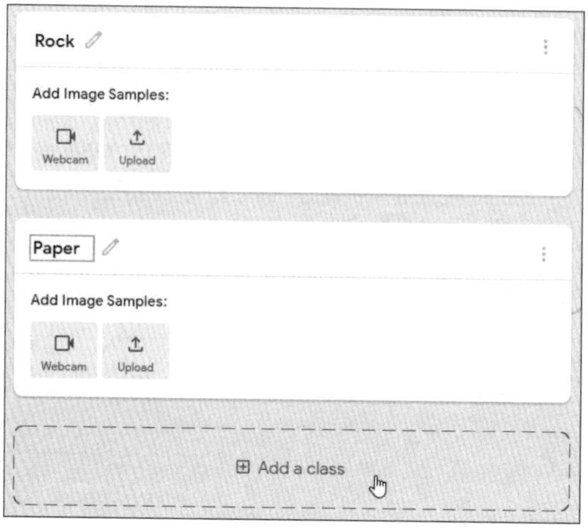

Step 2 在新增一個分類後，將此分類更名成【Scissors】剪刀。

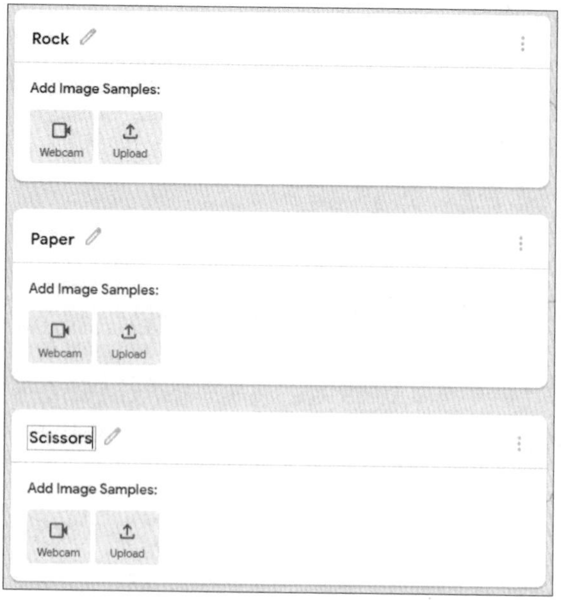

Step 3 在「Rock」框點選【Webcam】鈕，使用 Webcam 新增分類的樣本圖片（【Upload】鈕可以直接上傳樣本圖片），請按【允許】鈕允許網頁使用 Webcam 網路攝影機。

Step 4 然後按住【Hold to Record】鈕，可以使用 Webcam 持續在右邊框產生影像是「石頭」的樣本圖片（請試著旋轉、前進和後退來產生不同角度和尺寸的樣本圖片），在右邊框可以自行挑選樣本圖片，不需要的圖片，請將游標移至圖片上，點選垃圾桶圖示來刪除圖片。

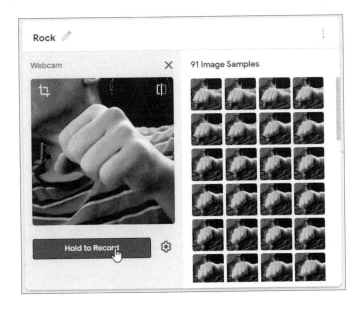

Step 5 在「Paper」框點選【Webcam】鈕，按住【Hold to Record】鈕，使用 Webcam 持續在右邊框產生影像是「布」的樣本圖片。

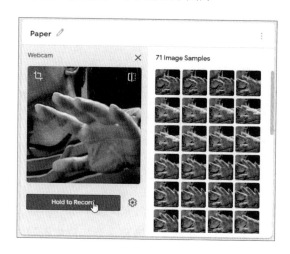

Step 6 在「Scissors」框點選【Webcam】鈕，按住【Hold to Record】鈕，使用 Webcam 持續在右邊框產生影像是「剪刀」的樣本圖片。

▌步驟三：訓練模型

在完成三個分類的樣本圖片新增後，就可以開始訓練模型，其步驟如右所示：

Step 1 在中間「Training」框按【Train Model】鈕，開始訓練模型。

Step 2 可以看到正在準備訓練資料後，開始訓練模型，模型訓練時間需視樣本數而定，請稍等一下，等待模型訓練完成。

▎步驟四：預覽、測試與優化模型

在完成模型訓練後，我們可以預覽、測試與優化模型，其步驟如下所示：

Step 1 在完成模型訓練後，可以在「Training」框看到 Model Trained 訊息文字，然後在「Preview」框匯出模型，不過，在匯出模型前，建議先測試模型來優化模型的準確度。

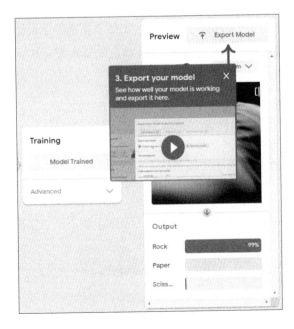

Step 2 請在「Preview」框預覽模型的辨識結果，在中間是 Webcam 影像，在下方是辨識結果的百分比，即模型分類圖片的結果，如下圖所示：

請在 Webcam 擺出不同角度和大小的剪刀、石頭或布來測試模型的準確度，如果發現某些情況的辨識錯誤率較高時，請增加此情況的樣本圖片來重新訓練模型，即可優化模型直到得到滿意的準確率為止。

步驟五：匯出模型和複製 JavaScript 程式碼

當增加各分類樣本圖片來優化出滿意的模型後，就可以匯出模型和複製 JavaScript 程式碼，其步驟如下所示：

Step 1 請在「Preview」按旁邊的【Export Model】鈕來匯出模型。

Step 2　Teachable Machine 支援匯出三種模型，請選【Tensorflow.js】後，選【Upload (shareable link)】，按【Upload my model】鈕上傳模型。

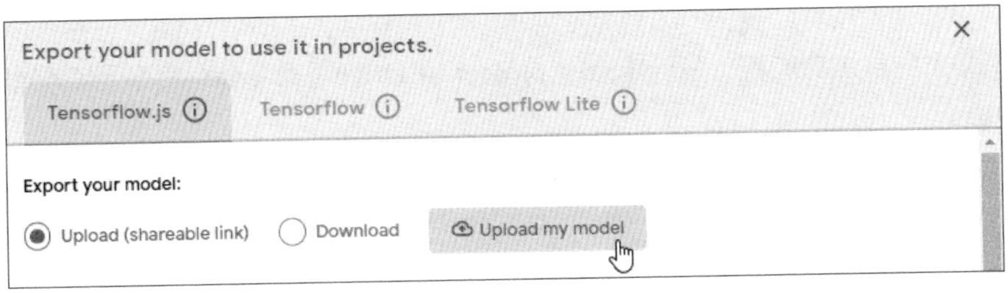

Step 3　等到成功上傳模型後，在【Your shareable link:】的下方可以看到模型的 URL 網址，請按後方【Copy】圖示複製此網址。

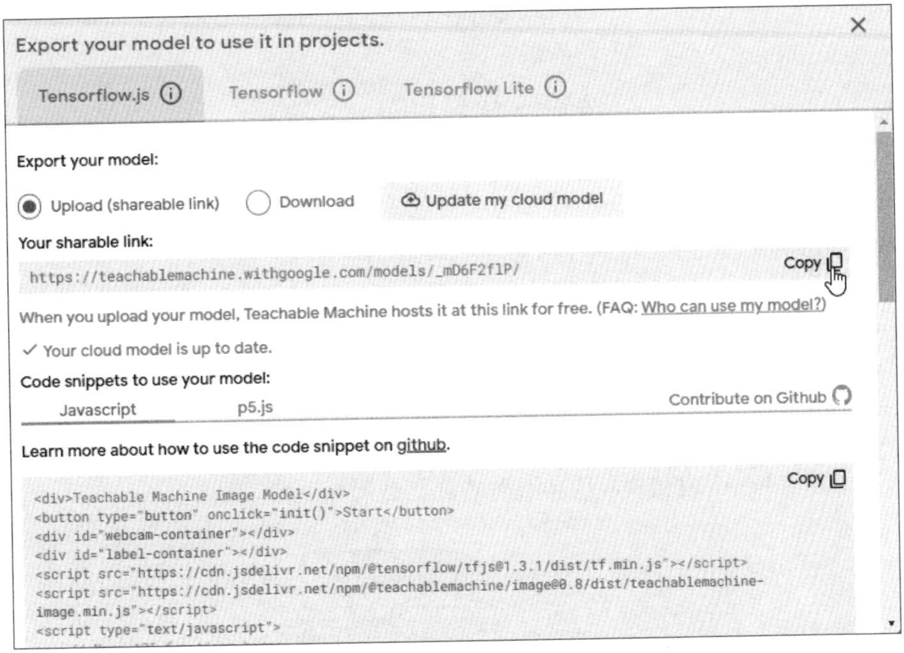

Step 4　在下方選【JavaScript】，按【Copy】圖示複製使用此 Tensorflow.js 模型的 JavaScript 程式碼，我們準備使用此 JavaScript 程式碼在第 16-1-2 節建立 Node-RED 的 Web 網站。

▎步驟六：儲存專案

在完成模型匯出後，我們可以儲存專案至 Google 雲端硬碟，其步驟如下所示：

Step 1 請開啟主功能表，執行【Save project to Drive】命令儲存專案至 Google 雲端硬碟。

上述【Open project from Drive】命令，可以從雲端硬碟開啟我們儲存的 Teachable Machine 專案。

16-1-2 在 Node-RED 儀表板即時識別 Webcam 影像

當成功訓練模型、匯出模型和複製 JavaScript 程式碼後，就可以建立 Node-RED 流程：ch16-1-2.json，在儀表板即時識別 Webcam 影像，如下圖所示：

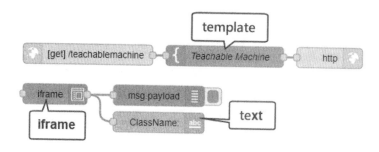

在 Node-RED 儀表板 http://localhost:1880/ui/ 可以看到 iframe 節點顯示的 Web 網站（即第 1 個流程），請按【Start】鈕啟動 Webcam 後，可以在上方 text 節點看到影像的辨識結果，以此例是剪刀，如下圖所示：

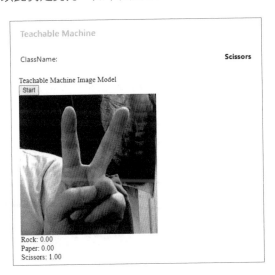

Node-RED 流程的節點說明，如下所示：

- http in 節點：使用 GET 方法，路由是「/teachablemachine」。
- template 節點：請將第 16-1-1 節複製的 JavaScript 程式碼貼入節點，如下圖所示：

```
49        // run the webcam image through the image model
50 ▾      async function predict() {
51            var pre_className = "";
52            // predict can take in an image, video or canvas html element
53            const prediction = await model.predict(webcam.canvas);
54 ▾          for (let i = 0; i < maxPredictions; i++) {
55                const classPrediction =
56                    prediction[i].className + ": " + prediction[i].probability.toFixed(2);
57                labelContainer.childNodes[i].innerHTML = classPrediction;
58 ▾              if (prediction[i].probability.toFixed(2) >= 0.8) {
59                    var className = prediction[i].className;
60 ▾                  if (className != pre_className) {
61                        window.postMessage(className, "http://localhost:1880/");
62                        pre_className = className;
63 ▴                  }
64 ▴              }
65 ▴          }
66 ▴      }
67 ▴  </script>
```

上述程式碼首先在第 51 行插入下列程式碼，變數 pre_className 是用來記住前一個辨識出的分類，如下所示：

```
var pre_className = "";
```

然後在第 58～64 行新增 if 條件敘述判斷預測的可能性是否超過 0.8（即 80%），如果是，就取得分類名稱 className，內層 if 條件判斷和之前的分類名稱是否相同，如果不同，就使用 HTML5 Web Messaging 的 postMessage() 方法將分類字串（第 1個參數）傳遞給 iframe 節點父網頁的 Web 網站（第 2 個參數），如下所示：

```
if (prediction[i].probability.toFixed(2) >= 0.8) {
    var className = prediction[i].className;
    if (className != pre_className) {
        window.postMessage(className,"http://localhost:1880/");
        pre_className = className;
    }
}
```

在 iframe 節點後的 Node-RED 流程，可以使用 msg.payload 屬性值取得傳遞的分類名稱字串。

- http response/debug 節點：預設值。
- iframe 節點：在【Group】欄新增或選【[Home] Teachable Machine】，【Size】欄選 10x10，在【URL】欄輸入【http://localhost:1880/teachablemachine】（即第 1 個流程的 Web 網站），如下圖所示：

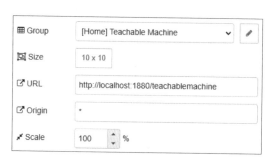

■ text 節點：在【Group】欄新增或選【[Home] Teachable Machine】，【Label】
欄輸入【ClassName:】，如下圖所示：

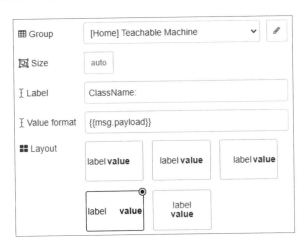

16-2 AI2 的 Personal Image Classifier 個人 影像分類

AI2 的 Personal Image Classifier（PIC）個人影像分類類似 Google 的 Teachable
Machine，一樣不需要任何專業知識和撰寫任何程式碼，就可以自行訓練 AI2 所需
影像分類的機器學習模型。

16-2-1　使用 PIC 訓練機器學習模型

我們準備使用 Personal Image Classifier（PIC）網頁工具來訓練機器學習模型，能
夠分類圖片是雄貓或雌貓。首先準備訓練模型所需的雄貓和雌貓圖檔，這是位在
「ch16\PIC\cats」資料夾，如下圖所示：

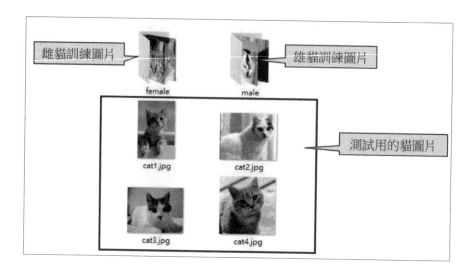

雌貓訓練圖片

雄貓訓練圖片

測試用的貓圖片

然後進入 PIC 開始訓練機器學習模型，其步驟如下所示：

Step 1 請啟動瀏覽器進入網址 https://classifier.appinventor.mit.edu/ ，這是訓練模型的 Training Page 頁面。

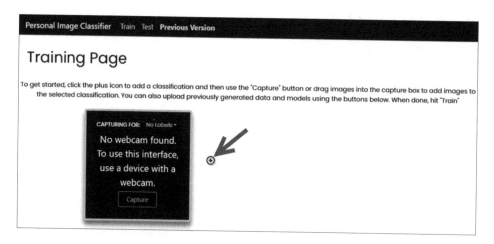

Step 2 選【+】號在欄位輸入【male】建立雄貓的分類標籤。

Step 3 再選【＋】號在欄位輸入【female】建立雌貓的分類標籤。

Step 4 如果有 Webcam，可以使用攝影機擷取訓練影像，我們準備直接上傳訓練資料的圖檔，請開啟「ch16\PIC\cats\male」資料夾，拖拉圖檔至 male 分類標籤框，即可上傳圖檔，請拖拉全部圖檔至 male 標籤框，如下圖所示：

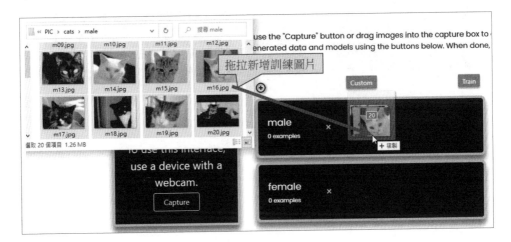

Step 5 然後開啟「ch16\PIC\cats\female」資料夾，拖拉圖檔至 female 分類標籤框來上傳圖檔，請拖拉全部圖檔至 female 標籤框。

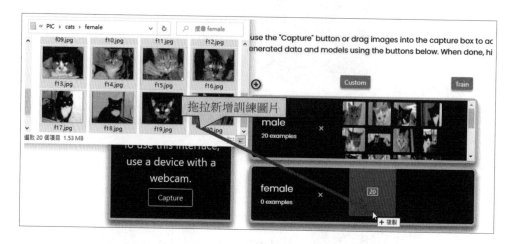

Step 6 在新增訓練圖檔後，按右上方【Train】鈕開始訓練模型。

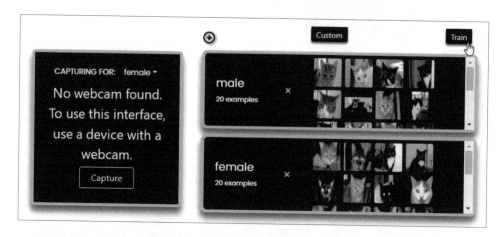

Step 7 稍等一下，等到模型訓練完成後，我們可以先測試模型效果來優化模型的準確度。請拖拉「PIC/cats/cat1.jpg」至中間框，可以在右邊看到分類結果是雄貓，如下圖所示：

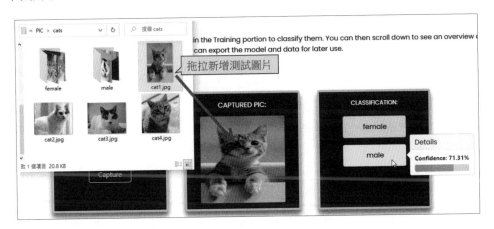

Step 8 然後拖拉「PIC/cats/cat4.jpg」至中間框，可以在右邊看到分類結果是雌貓，如下圖所示：

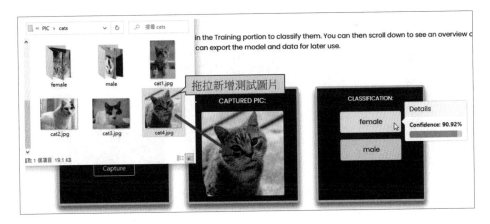

Step 9 請向下捲動視窗，可以看到影像分類的測試結果，如果發現某分類的辨識錯誤率較高時，請增加此分類的樣本影像來重新訓練模型，即可優化模型直到滿意的準確度為止。

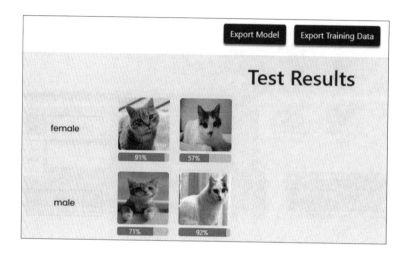

Step 10 請按【Export Model】鈕匯出模型檔 model.mdl，【Export Training Data】是匯出訓練資料的 ZIP 檔。

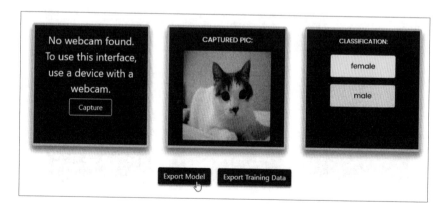

16-2-2　使用 AI2 的 PIC 模型進行影像分類

AI2 官方支援 PIC 擴充套件，可以使用第 16-2-1 節訓練的模型來進行圖片分類。首先進入 URL 網址：https://mit-cml.github.io/extensions/ 下載 .aix 檔的【PersonalImageClassifier.aix】擴充套件，然後參閱第 11-4-1 節步驟匯入擴充套件的【PersonalImageClassifier】組件，如下圖所示：

【PersonalImageClassifier】組件可以分類影片（Video）或圖片（Image）中的物體（InputMode 屬性），因為是使用 TensorFlow.js 預訓練模型，組件需要在【WebViewer】屬性新增和指定【網路瀏覽器】組件來執行影像分類，【Model】屬性就是上傳至「素材」框第 16-2-1 節的模型檔 model.mdl，如下圖所示：

AI2 專案：ch16_2_2.aia 使用【PersonalImageClassifier】組件透過【網路瀏覽器】組件來分類 URL 圖片，請稍等一下等待模型載入後，輸入素材圖片的檔名（下圖左），或圖片的 URL 網址（下圖右），按【辨識】鈕可以顯示識別結果，在後方的值

是可能性（滿分是 100），如下圖所示：

在專案的畫面編排共新增 1 個水平配置、1 個標籤、2 個按鈕和 1 個網路瀏覽器組件來建立使用介面，在下方是非可視的 PersonalImageClassifier 組件，如下圖所示：

素材區請上傳 4 張測試圖檔和第 16-2-1 節下載的模型檔，如下圖所示：

在程式設計的積木程式首先在【Screen1. 初始化】事件處理停用按鈕組件，
【PersonalImageClassifier1.ClassifierReady】事件處理是當成功載入模型後觸發，可
以啟用按鈕來進行圖片分類，【PersonalImageClassifier1.Error】事件處理是當有錯
誤時觸發，可以用來顯示錯誤訊息，如下圖所示：

在【按鈕辨識 . 被點選】事件處理是呼叫【PersonalImageClassifier1.ClassifyImage
Data】方法進行圖片分類，在下方是 2 個全域變數儲存辨識出的分類結果，如下圖
所示：

當辨識出分類後，在【PersonalImageClassifier1.GotClassification】事件處理可以顯示分類結果，即參數【返回結果】的巢狀清單值，在清單第 2 層的第 1 個項目是分類標籤；第 2 個是可能性，如下圖所示：

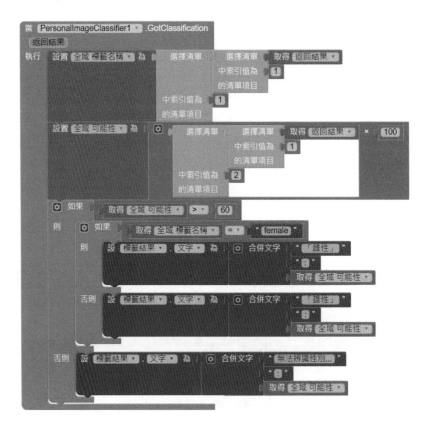

上述積木程式取出分類標籤和可能性後，可能性的值乘以 100，然後使用巢狀的【如果 - 則 - 否則】二選一條件積木判斷可能性是否大於 60，如果是，才在內層條件判斷顯示是雄性或雌性貓。

AI2 專案：ch16_2_2a.aia 新增「多媒體」分類下的【照相機】組件，可以按下按鈕，使用照相機取得欲分類的影像，在積木程式是呼叫【照相機 1. 拍照】方法進行拍照，【照相機 1. 拍攝完成】事件處理取得圖像的位置，如右圖所示：

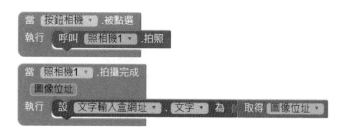

AI2 專案：ch16_2_2b.aia 將【PersonalImageClassifier】組件的【InputMode】屬性改成 Video，可以在網路瀏覽器組件顯示即時影像，如下圖所示：

在使用介面按【切換前/後相機】鈕可以在裝置切換前/後相機，當在影像中看到欲分類的影像時，即可按【辨識】鈕來進行分類，在積木程式是呼叫【PersonalImageClassifier1.ToggleCameraFacingMode】方法切換前/後相機，【PersonalImageClassifier1.ClassifyVideoData】方法辨識影片中的影像，如下圖所示：

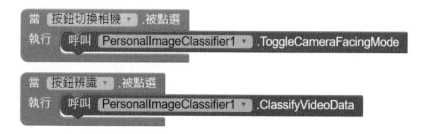

學習評量

1. 請說明什麼是 Teachable Machine 機器學習？

2. 請説明什麼是 Personal Image Classifier 個人影像分類？

3. 請擴充第 11-5 節的 Node-RED 流程，使用第 16-1 節的 Teachable Machine 訓練能夠辨識 2 種手勢的模型後，可以使用手勢來操作暫停或重啟更新監控圖表的溫 / 溼度，即開啟 / 關閉使用 MQTT 來取得溫 / 溼度。

4. 請改用第 16-2 節的 Personal Image Classifier 來實作第 16-1 節分類剪刀、石頭和布的圖片。

在 Windows 下載安裝
本書 IoT 物聯網開發環境

▶ A-1 引擎（一）：Node-RED 開發環境
▶ A-2 引擎（二）：App Inventor 2 開發環境

A-1 引擎（一）：Node-RED 開發環境

Node-RED 是一個開放原始碼專案，因為改版較頻繁（但改版幅度通常都不大），再加上 Node.js 模組和 Node-RED 節點可能會有版本相容問題，為了方便老師教學和自學 Node-RED，筆者已經建立一套客製化支援 Windows 作業系統，免安裝可攜式版本的 Node-RED 開發套件。

A-1-1 下載與安裝客製化 Node-RED 開發套件

在客製化 Node-RED 開發套件已經安裝好所需 Node-RED 節點（除了第 15-3 節的 node-red-contrib-tfjs-coco-ssd 節點）和 MySQL 資料庫系統，可以直接執行本書 Node-RED 範例流程。客製化 Node-RED 開發套件的下載和安裝步驟，如下所示：

Step 1 請進入 fChart 官網：https://fchart.github.io/，在上方選【Node 套件】標籤頁。

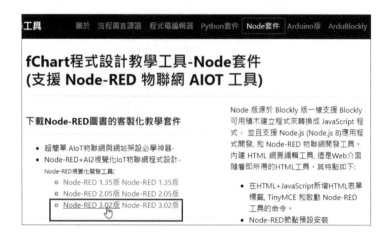

Step 2 找到 Node 套件的下載超連結，在本書是使用 3.0.2 版，請點選任一個超連結下載 7-Zip 格式的自解壓縮檔：fChartNode6_16_3.0.2.exe（Google Chrome 瀏覽器請保留下載檔案，不要捨棄）。

Step 3 在成功下載後，請執行 7-Zip 自解壓縮檔，如果出現下列對話方塊，請點選【其他資訊】超連結，再按【仍要執行】鈕。

Step 4 可以看到自解壓縮的對話方塊，請在欄位輸入解壓縮的硬碟，例如：「C:\」或「D:\」等，按【Extract】鈕，即可解壓縮來進行安裝，如下圖所示：

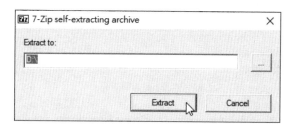

Step 5 在成功解壓縮後，預設建立「\fChartNode6_16_3.0.2」目錄，就完成本書客製化 Node-RED 開發套件的安裝。

A-1-2 在 Node-RED 安裝和移除節點

Node-RED 節點管理就是管理節點「工具箱」的節點清單，我們可以在節點管理安裝和移除節點，如果節點有更新，也是在此更新節點。

▎安裝和移除節點

在 Node-RED 安裝 random 亂數節點（如果已經安裝，請按【移除】鈕刪除此節點），其步驟如下所示：

Step 1 請執行主功能表的【節點管理】命令，可以在 Palette 工具箱的【節點】標籤看到目前已經安裝的節點清單（按【移除】鈕可刪除節點），然後選上方的【安裝】標籤。

Step 2 在欄位輸入【random】，找到 node-red-node-random 節點，按此節點框的【安裝】鈕安裝節點。

Step 3 再按【安裝】鈕確認安裝節點。

Step 4 稍等一下,可以看到成功安裝的訊息文字,如下圖所示:

請注意!某些 Node-RED 節點的安裝需要重新啟動 Node-RED,有些節點需要特殊的軟體需求,例如:序列埠的 node-red-node-serialport 節點需要 Python 2 版,和在 Windows 電腦安裝 Microsoft Build Tools。

▎更新節點

當 Node-RED 節點有更新時,在節點管理選【節點】標籤,可以在節點清單的方框看到可更新版本的按鈕,例如:node-red-contrib-browser-utils 節點有更新,如下圖所示:

按【更新至 x.xx.x 版本】鈕，再按【更新】鈕確認更新此節點，如下圖所示：

請注意！如同安裝節點，某些 Node-RED 節點的更新需要重新啟動 Node-RED，和需要一些特殊的軟體需求。

A-1-3 刪除不需要的配置節點

當在 Node-RED 建立多種流程和節點後，一定會使用到一些配置節點，這是不會顯示在 Node-RED 流程的節點，例如：儀表板的 ui_base 標籤和 ui_group 群組節點，MQTT 的 mqtt-broker 代理人節點等。

▎ 檢視 Node-RED 流程的配置節點

在 Node-RED 介面的側邊欄可以檢視 Node-RED 流程使用的配置節點清單，其步驟如下所示：

Step 1 請在側邊欄選向下箭頭圖示，執行【配置節點】命令。

Step 2 可以看到目前流程中使用的配置節點清單。

▍刪除不需要沒有使用的配置節點

當檢視 Node-RED 流程的配置節點清單時，我們可以刪除哪些不需要的配置節點（沒有其他節點使用的配置節點），另一種情況是當部署流程時，顯示一個訊息框指出有一些未正確配置的節點，即表示有配置節點可以刪除，其刪除的步驟如下所示：

Step 1 在部署 Node-RED 流程時，如果看到有一些未正確配置節點的訊息框，請按左下角【搜索無效節點】鈕，即可進入側邊欄的配置節點清單。

Step 2 在清單中如果是顯示虛線框的節點，就是沒有使用的配置節點，之後的 0 表示沒有任何節點使用此配置節點，在點選後，按 Del 鍵刪除掉這些不需要的配置節點。

A-2 引擎（二）：App Inventor 2 開發環境

在本書的 App Inventor 2 開發環境是使用 App Inventor 2 雲端開發平台，和第三方軟體廠商開發的 Android 模擬器，即 Nox 夜神模擬器來測試執行 Android App。

請注意！App Inventor 2 官方模擬器已經升級支援新版 Android 作業系統，經筆者測試，目前官方模擬器並無法執行匯入擴充套件的 AI2 專案，和自行下載安裝 APK 檔案，所以本書主要是使用 Nox 夜神模擬器來測試執行。不過，因為官方模擬器有提供虛擬感測器功能，在第 10-4 節我們就是使用此功能來測試 IoT 裝置，模擬取得各種感測器數據。

A-2-1　登入 AI2 雲端開發平台和切換中文介面

App Inventor 2 是一個雲端開發平台，只需使用瀏覽器進入官方網站，就可以使用 App Inventor 2，其步驟如下所示：

Step 1 請啟動 Google 瀏覽器進入 http://ai2.appinventor.mit.edu/，如果尚未登入 Google 帳戶，可以看到選擇 Google 帳戶的授權頁面，請選擇 Google 帳戶，如下圖所示：

Step 2 接著顯示 App Inventor 服務的授權頁面，請按【I accept the terms of service!】鈕同意授權。

Step 3 可以看到一個歡迎對話方塊，請按【Continue】鈕繼續。

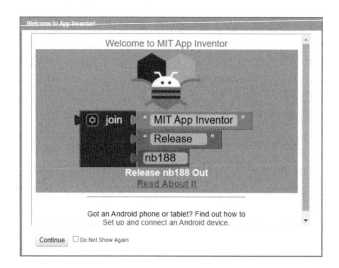

Step 4 當成功進入 App Inventor 開發環境的使用介面後，可以看到一些教學資訊的訊息視窗，請按【CLOSE】鈕。

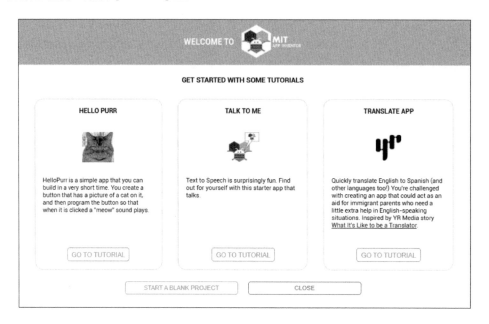

Step 5 　點選右上方「English＞正體中文」命令，切換成正體中文的使用介面。

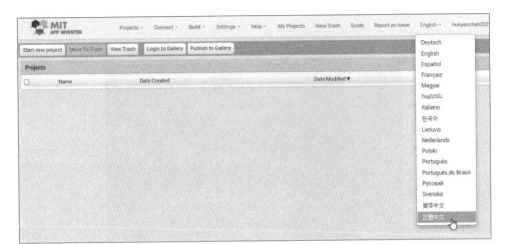

Step 6 　接著會重複看到中文內容的歡迎對話方塊，請先按【繼續】鈕後，再按【CLOSE】鈕，即可顯示中文介面的 App Inventor 2 專案管理頁面。

A-2-2　下載與安裝 Nox 夜神模擬器 – 使用第三方廠商的模擬器

App Inventor 2 可以使用第三方軟體廠商開發的 Android 模擬器，來測試執行 Android App，例如：Nox 夜神模擬器。

▎下載和安裝 Nox 夜神模擬器

Nox 夜神模擬器是香港夜神數娛有限公司（Nox Limited）開發的 Android 模擬器，其正體中文的官方網址，如下所示：

https://tw.bignox.com/

請進入上述網站首頁，點選【立即下載】鈕下載軟體，在本書是使用 7.0.3.7 版，其下載檔案【nox_setup_v7.0.3.7_full_intl.exe】。當成功下載檔案後，請執行安裝程式，按【立即安裝】鈕開始安裝。

等到安裝完成，可以看到安裝完成的畫面，請按【安裝完成】鈕，就可以馬上啟動 Nox 夜神模擬器。

▌啟動 Nox 夜神模擬器

請點選桌面【Nox】捷徑啟動 Nox 夜神模擬器，預設是平板模式，點選右方垂直工具列最後的【…】三個點圖示展開更多的工具列按鈕後，再點選最後的旋轉螢幕圖示，可以切換成手機模式，如右圖所示：

在 Android / iOS 實機安裝 MIT AI2 Companion

在 Android/iOS 行動裝置安裝 MIT AI2 Companion 程式的說明網址，如下所示：

http://appinventor.mit.edu/explore/ai2/setup-device-wifi.html

> To test your app as you create it, follow these steps to install the MIT App Inventor Companion app on a phone or tablet:
>
> Step 1: Download and install the MIT App Inventor Companion app on your Android or iOS device.
>
> Open the Google Play store or Apple App store on your phone or tablet, or use the buttons below to open the corresponding page:
>
>

請捲動上述頁面找到 Step 1：可以看到 App Store 和 Google Play 圖示，因為 AI2 Companion 程式同時支援 Android/iOS 裝置，如下所示：

■ Android 裝置：請開啟 Google Play 商店搜尋 MIT AI2 Companion 來安裝 MIT AI2 Companion 程式。

■ iOS 裝置：請開啟 App Store 商店搜尋 MIT App Inventor 來安裝 MIT AI2 Companion 程式。

在 Nox 夜神模擬器安裝 MIT AI2 Companion

在 Nox 夜神模擬器需要登入 Google 帳戶後，才可以和 Android 實機一般使用 Google Play 安裝 MIT AI2 Companion，和使用 MIT AI2 Companion 測試執行 Android App（請注意！無法使用掃瞄功能，需自行輸入 6 個字元的連線代碼）。

為了方便在 Nox 夜神模擬器安裝 MIT AI2 Companion，我們可以直接下載 APK 檔來安裝 MIT AI2 Companion，其步驟如下所示：

Step 1 請啟動瀏覽器進入網站 https://apkpure.com/tw/，在右方欄位輸入【MIT AI2 Companion】關鍵字進行搜尋，如下圖所示：

Step 2 可以看到找到的 MIT AI2 Companion，請按【查看更多】鈕。

Step 3 在 MIT AI2 Companion 2.65 版的說明頁面，按【下載 APK】鈕，可以看到一個訊息視窗，在關閉後即可進入下載頁面，請再按一次【下載 APK】鈕下載 APK 檔。

Step 4 下載完成，雙擊【MIT AI2 Companion_v2.65_apkpure.com.apk】的 APK 檔，可以在 Nox 夜神模擬器安裝和啟動 MIT AI2 Companion，如下圖所示：

A-2-3　下載與安裝 AI2 軟體設定工具 – 使用官方模擬器

在 App Inventor 雲端開發工具使用官方模擬器，我們需要下載和安裝 App Inventor 軟體設定工具。

▌下載和安裝 App Inventor 軟體設定工具

Windows 版 App Inventor 軟體設定工具的下載網址，如下所示：

http://appinventor.mit.edu/explore/ai2/windows.html

點選【Download the installer】超連接下載安裝程式檔案，新版約 1.5G，檔名是【MIT_App_Inventor_Tools_30.265.0_win_setup64.exe】。

▌安裝 App Inventor 軟體設定工具

當成功下載 App Inventor 軟體設定工具後，就可以執行安裝程式來進行工具的安裝，其步驟如下所示：

Step 1　請執行【MIT_App_Inventor_Tools_30.265.0_win_setup64.exe】安裝程式，如果已經有安裝舊版軟體設定工具，可以看到一個確認對話方塊，請按【是】鈕移除舊版設定工具。

Step 2 在安裝精靈的歡迎畫面按【Next >】鈕繼續。

Step 3 在使用者授權合約畫面，按【I Agree】鈕同意授權。

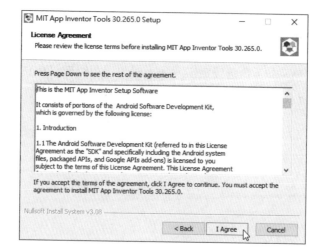

Step 4 選擇安裝元件，請勾選【Desktop Icon】以方便啟動設定工具，按【Next > 】鈕繼續。

Step 5 預設安裝路徑是「C:\Program Files\MIT App Inventor」，不用更改，請按【Next > 】鈕繼續。

Step 6 選擇新增的開始功能表選項，不用更改，請按【Install】鈕開始安裝。

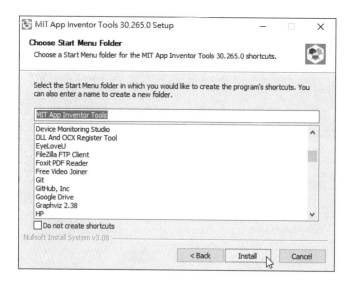

Step 7 可以看到目前的安裝進度，請稍等一下。

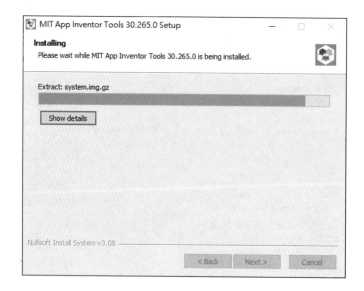

Step 8 在安裝過程中，如果顯示一個訊息視窗說明 Windows 作業系統已經安裝 HAXM，請按【否】鈕，按【是】鈕會再次安裝 HAXM。

Step 9 稍等一下，等到安裝完成，按【Finish】鈕結束安裝。

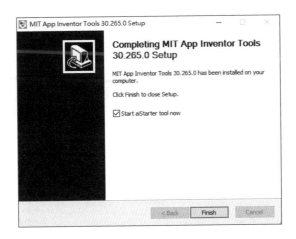

在完成 App Inventor 軟體設定工具的安裝後，預設勾選啟動 App Inventor 軟體設定套件，我們也可以自行點選桌面的【aiStarter】圖示，或執行「開始 > aiStarter」命令來啟動 App Inventor 軟體設定工具，可以在工具列看到圖示，和顯示「aiStarter」視窗，如下圖所示：

```
aiStarter                                              —   □   ×
App Inventor version: 30.265.0
Architecture: AMD64

AppInventor tools located here: C:\Program Files\MIT App Inventor

ADB path: C:\Program Files\MIT App Inventor\from-Android-SDK\platform-tools\adb
Bottle v0.12.13 server starting up (using WSGIRefServer())...
Listening on http://127.0.0.1:8004/
Hit Ctrl-C to quit.
```

使用官方模擬器來測試執行 AI2 專案

請注意！App Inventor 需要啟動軟體設定工具，才能在雲端平台啟動官方 Android 模擬器來測試執行 Android App。

當成功安裝和啟動 App Inventor 軟體設定工具後，我們就可以進入 App Inventor 雲端平台，使用官方 Android 模擬器來測試執行 AI2 專案，其步驟如下所示：

Step 1 請進入 App Inventor 雲端平台且開啟 AI2 專案，然後執行「連線 > 模擬器」命令。

Step 2 可以看到連接訊息，請稍等一下，等待啟動 Android 模擬器，當成功啟動後，需再稍等 7 秒來確保正確執行 AI2 專案，如下圖所示：

Step 3 可以看到官方 Android 模擬器的啟動畫面和 AI2 專案的執行結果，如下圖所示：

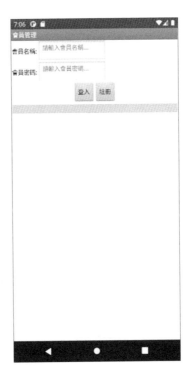

Note

博碩文化

博碩文化